KB023004

미래와 만날 준비

이 책은 한국출판문화산업진흥원의 '2020년 출판콘텐츠 창작 지원 사업'의 일환으로
국민체육진흥기금을 지원받아 제작되었습니다.

미래와 만날 준비

더 나은 세상을 위한 기술철학의 제안들

초판 1쇄 2021년 1월 28일

초판 2쇄 2021년 10월 5일

지은이 | 손화철

펴낸이 | 강성태

펴낸곳 | 도서출판 책숲

출판등록 | 제2011–000083호

주소 | 서울시 마포구 성미산로 5길 8, 삼화주택, 102호

전화 | 070–8702–3368

팩스 | 02–318–1125

ISBN | 979–11–86342–35–0 43500

미래와 만날 준비

더 나은 세상을 위한
기술철학의 제안들

손화철 쓰고 나수은 그림

서문

기술철학으로의 초대

만약 당신이 1899년에 사는 물리학자에게 100년 후 1999년이 되면 하늘에 떠 있는 인공위성을 통해 세계 전역의 가정으로 동영상이 전송되고, 믿을 수 없을 만큼 강력한 폭탄이 모든 생물종들의 운명을 위협하고, 항생제가 전염병을 이기지만 질병들은 거기에 맞서 싸우고, 여자들이 투표권과 피임약을 갖게 되고, 매시간 수백만의 사람들이 자동 이착륙 시스템을 갖춘 비행기를 타고 하늘을 날아다니고, 시속 2천 마일로 대서양을 건너게 되고, 인간이 달로 여행을 갔다가 그만 흥미를 잃어버리고, 현미경으로 개별 원자를 볼 수 있고, 사람들이 몇십 그램짜리 전화기를 들고 다니면서 세계 어디로든 무선으로 연락을 할 수 있는데 그 기적이 양자역학이라 불리는 새로운 이론에 기반한 우표만 한 부품 때문에 일어나게 될 거라고 말했다 하자. 그 물리학자는 분명히 당신을 보고 미친 사람이라고 할 것이다.

영화 〈쥬라기 공원〉의 원작자 마이클 크라이튼의 소설 《타임라인》에 나온 구절이다. 이 소설이 쓰인 지 20년이 지난 오늘, 현실은 어떠한가? 누군가 미래에 관해 아무리 직관적으로 받아들이기 힘든 주장을 해도 과학자들은 함부로 무시하지 않는다. 지난 100여 년 동안 놀라운 수준으로 과학기술이 발전해 왔기 때문이다.

미래학자이자 포스트휴머니스트로 유명한 맥스 모어 Max More 는 사람의 머리나 몸 전체를 냉동 보관하는 '엘코 생명연장재단'이라는 회사의 CEO다. 언젠가 인간의 뇌를 컴퓨터에 다운로드할 수 있을 것으로 생각해 이루어지고 있는 일인데, 이미 수백 명의 머리가 보관되어 있고, 내로라하는 사람들도 사후 이 서비스를 이용하기 위해 엄청난 비용을 지불하고 있다. 《특이점이 온다》를 쓴 구글의 상임 기술고문이자 미래학자인 레이 커즈와일 Ray Kurzweil 은 머지않아 인간이 죽음을 경험하지 않아도 될 날이 올 것이라고 하면서 그때까지 살아 있기 위해 열성적으로 건강 보조제를 먹으라고 권한다. 다소 기이한 이런 행동과 주장들은 용인될 뿐만 아니라 진지하게 받아들여진다. 이들이 자신의 주장에 대해 과학적이고 납득할 만한 근거를 제시하는 것도 아니다. 물론 이들이 능력 있는 공학자라는 사실이 한몫하겠지만, 오늘날 미래에 대한 상상 자체가 받는 존중은 과거와 확연히 다르다.

이런 변화를 두고 우리가 과거 사람들과 달리 미래에 대해 더 진취적이고 열린 마음을 갖게 되었다고 할 수 있을까? 그렇게 볼 수도 있겠지만, 미래에 대한 다양한 상상이 별 저항 없이 받아들여지는 것은 어쩌면 미래가 지극히 불투명하기 때문일지도 모른다. 즉, 기술의 무한한 가능성을 받아들이는 것은 우리가 과거보다 훨씬 더 불안정하고 불확실한 시대에 살게 되었음을 의미한다. 과거의 문명이 자연으로부터 인간을 보호하고 미래를 예측해 삶을 안정시키기 위해 노력해 왔다면, 오늘날의 문명은 안정과는 반대 방향으로 가고 있는 셈이다. 무한한 상상력을 허용하는 미래의 기술은 그 미래를 상상 불가능한 것으로 만들어 버렸다.

현대 기술은 상상이나 예측할 수 없는 미래의 문제만 제기하는 것이 아니다. 첨단 기술 발달은 인간 자신과 물리적 환경을 바꾸는 동시에, 인간이 오랫동안 물어 왔던 물음과 그 전제에 정면으로 도전한다. 예를 들어 죽음의 극복이 실제로 이루어진다면 우리는 더 이상 우리가 알던 인간이 아니라 새로운 존재자가 될 것이다. 인류 문명이 오랫동안 영생을 추구해 온 것은 사실이지만, 영생을 바라는 것과 영생하는 것은 전혀 다른 차원의 일이다. 역사학자 유발 하라리Yuval Harari는 이런 미래의 인간을 '호모 데우스Home deus', 즉 '신이 된 인간'이라 부른다.

현대 기술의 도전은 18세기 유럽의 산업혁명 시기에 시작되어 1, 2차 세계대전과 핵폭탄 투하 사건으로 그 위력이 모두에게 분명하게 드러났다. 이 책에서 소개하고자 하는 기술에 관한 철학적 탐구도 그 즈음에 시작되었다. 현대 기술이 기존의 철학적 물음과 인간에 대한 이해를 바꿔 버리는 과정은 그 자체로 철학적인 문젯거리였고, 이어서 새로운 철학적 문제들이 등장하기 시작했다. 기술철학은 현대 기술의 놀라운 발전에 대한 반응으로 생겨나 기술 사회에서 인간과 기술의 관계, 그리고 기술로 인해 생기는 변화에 관해 탐구하는 철학의 한 분야다.

기술철학에는 몇 가지 특징이 있다. 우선 기술철학은 현재 개발되고 있는 구체적인 기술의 문제를 다루는 현실적인 철학 분야다. 기술철학이 다른 철학 분야들보다 생소한 이유는 기술의 급격한 발전이 비교적 최근에 일어난 일이기 때문이다. 그래서 기술철학은 추상적이고 공허하다는 철학의 통념을 극복하는 계기로 삼을 수 있다. 또 기술철학은 같은 일이라도 전혀 다른 각도와 깊이로 보는 특징이 있다. 따라서 기술철학 공부는 당연한 것을 비판적으로 생각하는 데 매우 유용하다.

미래를 향한 철학적 탐구라는 점도 기술철학의 중요한 특징이다. 기술철학의 논의들은 주어진 현상을 잘 이해하고 분석하는 데 그치지 않고, 바람직한 미래를 위해 추구해야 할 바를 찾으려고 애쓴다. 기술을 원하는 바를 얻기 위한 도구라고 생각한다면, 기술철학은 그 자체로 상당히 기술적이라 할 수 있다.

기술철학은 여러 학문 분야를 넘나드는 융합적 특성도 가진다. 기술에 대한 철학적 논의를 하기 위해서는 기술 자체에 대한 이해는 물론 정치, 문화, 경제, 사회에 대한 지식과 이해도 필요하다. 때로는 그 범위가 불분명하고 어디까지가 기술철학의 경계인지 모호하다. 그러나 중요한 것은 철학의 궁극적인 목적, 즉 인간과 세계에 대한 이해와 통찰이다. 그 통찰을 얻기 위한 탐구의 자리로 여러분을 초대한다.

이 책은 총 네 부분으로 구성되어 있다. 1장에서는 기술과 철학의 만남을 다룬다. 철학이 무엇인지, 철학이 왜 기술에 관심을 가지게 되었는지를 살펴보게 된다. 또 기술을 이해하는 다양한 시각에 대해 생각해 보고, 기술철학이 왜 유용한지를 알아볼 것이다.

2장에서는 기술철학의 이론들을 살펴볼 예정이다. 길게 봐도 100년이 조금 넘는 기술철학의 역사에서 체계적인 이론이 나온 것은 그나마 최근의 일이다. 기술에 대한 철학적 사유가 본격적으로 시작된 시기의 '고전적 기술철학'과 그에 대한 반발로 나온 '경험으로의 전환', 그리고 최근에 주목을 받기 시작한 '포스트휴머니즘'에 대해 차례로 알아볼 것이다.

3장에서는 대표적인 현대 기술들을 살펴본다. 원자력, 인공지능, 생명공학, 자율주행차, 빅데이터 등 최첨단 기술들의 철학적 함의에 초점을 맞추었다. 이 책에서는 미래 사회에 대한 예측보다는 이러한 기술들이 인간의 삶과 사회에 대한 기존의 이해와 인식에 어떤 변화를 가져올 것인지 고민해 보고자 한다.

4장은 바람직한 미래를 위한 제안이다. 물론 우리는 앞날을 예측할 수 없고, 전적으로 통제할 수도 없다. 복잡하고 다양한 기술 발전을 특정한 방향으로 이끄는 것도 사실상 불가능하다. 그러나 기술을 통해 만들어 갈 미래에 대한 비전을 공유함으로써 그 개발 과정에 적절하게 개입할 여지는 남아 있다.

이 책은 한국과학기술단체총연합회과총에서 발간하는 월간 《과학과 기술》에 2007년 8월부터 2008년 12월까지 연재했던 짧은 글들이 토대가 되었음을 밝힌다. 오래된 원고를 다시 보면서 수정하고 여러 장을 새로 써서 함께 묶었다. 전체적인 내용이나 주장은 학술논문이나 전문서를 통해 제시했던 바를 풀어서 설명한 것이다.

작은 책이지만 여러분의 도움을 받았다. 일면식도 없는 필자에게 먼저 연락해서 흥미로운 기획으로 이끌어 주신 책숲 권경미 대표님과 내용을 관통하면서도 재미있는 삽화를 넣어 주신 나수은 작가님께 감사드린다.

2021년 새해 아침 포항에서, 손화철

차례

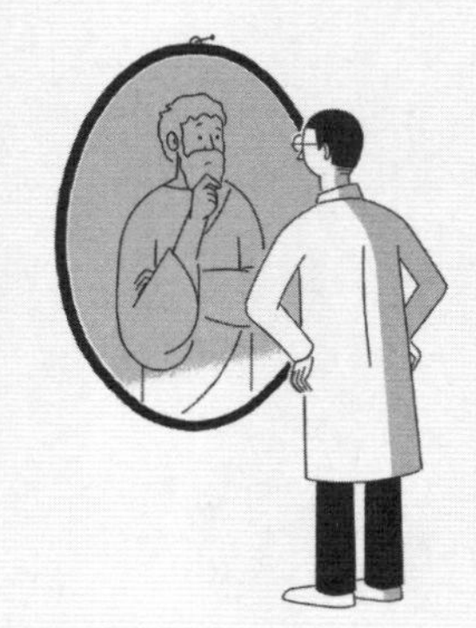

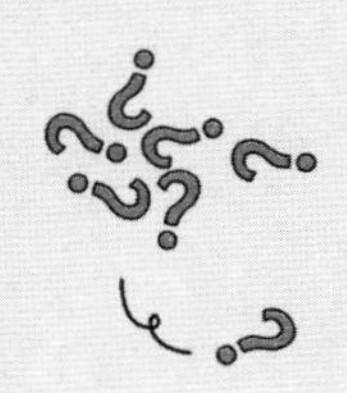

2장 기술철학의 다양한 이론들

3장 개별 기술과 기술철학의 만남

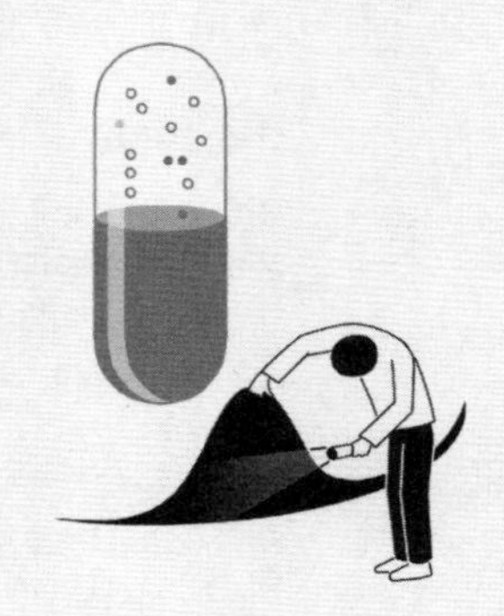

4장 기술이 만드는 좋은 세상

기술과 철학의 만남

1

철학은 왜 기술에 관심을 갖게 되었을까

기술이란 무엇일까

과학기술은 우리의 운명인가

모든 공학자는 기술철학자가 되어야 한다

철학은 왜 기술에 관심을 갖게 되었을까

기술철학이라는 말을 들으면 어떤 생각이 떠오르는가? 그럴듯하게 들리기도 하고, 이상하다는 생각도 들 것이다. 대체 기술과 철학이 무슨 상관이 있다고? 기술철학을 전공했다고 하면 사람들은 십중팔구 "기술철학이 뭐죠?"라고 되묻는다.

대개는 호기심에서 다시 묻지만, 상대에 따라 그 숨은 의미는 조금씩 달라진다. 기술철학을 잘 이해할 것 같은 철학자들이 오히려 "그것도 철학이랄 수 있을까?"라는 약간의 냉소 섞인 의미로 되묻기도 한다. 한편 공학자들이 "그런데 기술철학이 뭐죠?"라고 물을 때에는 대개 둘로 나뉜다. 먼저 자신의 전문 분야가 철학적 사유의 대상이 된다는 점에 기뻐하고 적극적인 태도를 보이는 경우다. 그런가 하면 왜 철학자가 공학에 대해 이러쿵저러쿵하려는 건지 수상하게 생각하고 경계의 눈초리를 쏘아 보내는 공학자들도 많다. 철학이 갖는 대표적인 인상 중에 '괜히 시비 걸기'를 빼놓을 수는 없으니 말이다.

이렇게 기술철학이 뭐냐는 물음의 의미는 미묘하게 다르지만 그 대답은 쉽지 않다. 그래서 철학이 늘 그러하듯이, 대답을 얻기 위해서 약간 돌아가는 길을 택하려고 한다. 기술철학을 이해하기 위해 먼저 철학이 무엇인지부터 시작할 것이다. 물론 이 역시 간단하지 않지만 한번 시도해 보자.

경이에서 시작된 철학

철학과 기술, 둘 중 어느 것이 먼저 생겼을까? 당연히 기술이다. 언제부터 인류가 존재했는지, 어느 시점을 인류의 시작점으로 볼 것인지에 대해서는 여러 가지 논란이 있다. 그러나 인류의 역사가 기술의 역사와 함께 시작되었다는 주장에는 별다른 이견이 없을 것이다. 돌도끼를 만들고 움집을 짓는 데 철학적 사유가 필요하지는 않기 때문이다. 철학은 인류가 생겨나고 한참 뒤에야 시작되었다.

그러면 철학 이전의 시대는 무엇일까? 흔히 '신화의 시대'라고 일컬어진다. 현생 인류의 조상으로 여겨지는 '호모 사피엔스'라는 말에서 알 수 있듯 신화의 시대를 살았던 사람들도 생각을 하며 삶을 이어

갔다. 그렇다고 그들이 철학을 한 것은 아니다. 신화와 철학을 나누는 기준은 무엇일까? 바로 의심을 하느냐, 아니냐는 것이다. 이때 의심은 친구가 거짓말을 하는지 참말을 하는지에 대한 것이 아니라, 자신이 아는 바의 확실성에 대한 의심이다.

신화의 시대 사람들은 생각할 수 있는 모든 것에 대한 답이 있었다. 세상이 어떻게 생겨났는지, 사람은 어떻게 살아야 하는지, 왜 죽는지 등등 근본적인 문제에 대해서도 마찬가지였다. 신화가 그 모든 문제에 대해 답을 했기 때문이다. 오랜 시간에 걸쳐 서서히 만들어진 신화는 한 사람의 삶과 사회를 완전하고 충실하게 둘러싸고 있어서 신화의 시대를 살았던 사람들에게는 의문이 없었다. 그들은 신화 속에서 태어나서 신화가 가르쳐 주는 대로 살다가 죽었다. 좀 더 정확히 말하자면 신화의 시대 사람들에게는 물음은 없고 답만 있었다.

철학의 시대는 신화의 설명에 의문을 제기함으로써 시작되었다. 최초의 철학자라 알려진 탈레스는 "세상은 무엇으로 되어 있는가?"라고 물었다. 이 물음의 중요성은 세상이 어떻게 생겨났는지에 대한 신화의 설명에 의문을 품었다는 데 있다. "철학은 경이驚異에서 시작된다."라는 말은 이런 태도를 역설적으로 보여 준다. 즉, 신화적 태도를 지닌 사람에게는 모든 것이 당연하게 생각되지만, 일단 신화를 벗어나면 모든 것이 경이롭게 느껴진다는 뜻이다. 이때 경이는 단지 "와!" 하는 경탄이 아니라 탐구하는 마음으로 이어지는 놀라움이다.

신화의 세계에서는 앎의 진보가 있을 수 없다. 학문의 시작과 진보는 인간 자신과 주변 환경을 새로운 눈으로 바라보다가 경이로운 지점을 발견하고 의문을 품을 때 시작된다. 그러니까 모든 학문은 일차적으로 철학인 셈이다. 플라톤이나 아리스토텔레스 시대에는 철학과 정치학, 물리학과 생물학 모두를 철학이라 불렀다. 철학을 모든 학문의 시작으로 보는 이유가 바로 이 때문이다.

개별 학문이 철학에서 독립해 나온 것은 사실 최근의 일이다. 이렇게 보면, 오늘날 우리가 경험하는 눈부신 과학기술의 발전도 철학적 태도에서 시작된 것이고, 과학과 기술도 넓은 의미에서는 철학이다. 어느새 우리는 기술과 철학이 서로 연결되는 지점을 하나 발견했다.

그러면 철학적 태도, 즉 의심하는 태도가 일반화된 오늘날, 철학의 역할은 무엇인가? 답은 여전히 동일하다. 당연하게 생각되는 것에 관해 물음을 던지는 것, 바로 그것이다. 하지만 철학은 이제 과학과 문학, 사회학 등 개별 분과 학문에서 독립해 좁은 의미의 철학만을 철학이라고 부르게 되었다. 좁은 의미의 철학에서 대표적인 물음은 "인간이란 무엇인가?", "존재란 무엇인가?", "앎이란 무엇인가?", "옳음의 기준은 무엇인가?"와 같은 근본적이고

어려운 것들이다. 여기에 더해 철학은 과거에는 철학이었으나 독립해 나간 학문에 물음을 던지기도 한다. "과학이란 무엇인가?"는 과학적인 물음이 아니라 과학철학의 물음이고, "기술이란 무엇인가?"는 공학이 아니라 기술철학에서 다룬다.

기술철학의 시작

기술철학의 물음 역시 기술에 대한 경이에서 비롯된다. 그런데 무엇인가를 경이롭게 생각하는 것은 그것이 귀하고 중요하게 보일 때 일어나는 현상이다. 길가에 흔히 굴러다니는 돌멩이를 보고 경이롭게 생각하지는 않는다. 그래서 경이에서 비롯된 철학은 항상 당대에 가장 중요한 대상을 철학적 사유의 주제로 삼는다.

기술이 철학보다도 더 오랜 역사를 가졌음에도 불구하고 과거의 철학자들이 기술철학을 하지 않았던 이유는 간단하다. 과거 기술은 인간의 삶에 너무나 당연한 부분이었고 별로 중요하게 여겨지지 않았기 때문에 철학자들의 관심을 끌지 못했다. 철학자들이 기술에 대해 경이롭게 생각한 것은 최근, 즉 산업혁명 이후 기술이 급격하게 발전하면서부터다. 따라서 기술철학의 관심은 주로 오늘날의 기술에 집중되고, 그런 면에서 '현대 기술철학' 혹은 '공학 기술의 철학'이라 부르는 게 더 적절하다.

현대에 와서 철학자들이 기술에 대해 느낀 경이의 감정이 어떠한 것인지는 금방 이해할 수 있다. 인류 역사상 이처럼 놀라운 속도와 규모로 기술이 발전한 적은 없었다. 또 기술이 일상에서 차지하는 비중이 지금처럼 컸던 적도 없다.

1903년 라이트 형제가 불과 12초 동안 36m를 비행한 후, 66년 만인 1969년 인간이 처음으로 달을 밟았다. 뤼미에르 형제가 3분짜리 영화 〈기차의 도착〉을 처음 상영한 것이 1895년이었는데, 오늘날 2시간 30분짜리 영화가 무선 인터넷을 통해 내 컴퓨터나 휴대전화로 들어온다. 생각할수록 놀라운 기술적 변화는 "기술이란 과연 무엇인가?"라는 물음으로 철학자들을 이끌었다.

현대의 신화를 넘어서려는 시도

이제는 누구나 기술의 놀라운 힘 속에 살아가고 있지만, 모든 사람이 "기술이란 무엇인가?"라고 묻지는 않는다. 기술 변화의 규모와 빠르기에 압도당해 그저 바라만 보거나, 또는 금방 익숙해져서 당연하게 받아들이는 경우가 대부분이다. 기술 발전을 인간 생존에 필수 불가결한 요소로 여기고, 기술 발전이 없이는 미래가 없다고 생각하는 사람들도 많다. 그러나 이러한 태도는 철학적이기보다는 신화적이다. 이것은 참으로 아이러니한 일이 아닐 수 없다. 철학적 태도가 있었기 때문에 기술 발전이 가능했던 것인데, 정작 그 산물에 대해서는 신화적인 접근을 하고 있으니 말이다. 기술철학은 바로 이 현대의 신화를 다시 넘어서려는 시도다.

기술철학은 기술의 엄청난 발달과 산물들이 당연한 사실로 받아들여지는 현대사회에 여러 가지 방식으로 의문을 제기한다. 우리가 이미 알고 있다고 생각하는 것에 대해 다시 묻고 새로운 대답을 추구하는 것이 비생산적으로 보일지도 모른다. 그러나 결과는 그렇지 않다. 먼 옛날에도 인간은 왜 해가 동쪽에서 떠서 서쪽으로 지는지, 천둥 번개는 왜 치는지를 나름의 방식으로 알고 설명할 수 있었다. 하지만 그 설명에 대해 다시 물었을 때 새로운 과학이 시작될 수 있었다. 마찬가지로 기술철학은 철학으로 신화를 극복한 후에 또다시 신화가 생겨나는 현상을 직시하고 이를 넘어서기 위한 철학적 시도를 보여 준다.

"기술은 무엇인가?"라는 물음은 수많은 다른 물음들로 이어져 기술철학의 여러 논의를 이룬다. 공학과 과학은 구별될 수 있는가? 기술과 예술의 차이는 무엇인가? 과거의 기술과 현대 기술은 어떻게 다른가? 그 차이는 유의미한가? 기술 발전은 계속될 것인가? 그 발전은 바람직한가? 기술 발전의 목표는 무엇인가, 혹은 무엇이어야 하는가? 기술은 인간적인가? 기술은 정치적인가? 기술은 자율적인가?

기술도 철학에 관심을 가져야 한다

'긁어 부스럼'이란 말이 있다. 당연하게 생각되는 것에 의문을 제기하는 건 불편하게 여겨지기 마련이다. 그렇게 보면 기술 발전을 주도하는 공학자들이 기술철학에 경계의 눈길을 보내는 것이 이상한 일도 아니다. 실제로 기술철학은 기술의 진보에 딴지를 거는 경우가 많은 것도 사실이다. 그러나 철학이 기술에 관심을 갖게 된 것은 기술이 세상에서 가장 중요한 요소가 되었고, 기술에 대해 경이로운 감정을 품게 되었기 때문이다. 그렇게 생각하면 먼저 기술철학에 뛰어들어야 하는 건 철학자가 아니라 공학자여야 할지도 모른다. 공학자가 철학에 관심을 기울여 철학적인 숙고가 담긴 기술이 개발된다면 그야말로 멋진 세상이 될 것이다.

기술이란 무엇일까

옛 동요 중에 이런 것이 있다.

내 동생 곱슬머리 개구쟁이 내 동생
이름은 하나인데 별명은 서너 개
엄마가 부를 때는 꿀돼지
아빠가 부를 때는 두꺼비
누나가 부를 때는 왕자님
어떤 게 진짜인지 몰라 몰라 몰라

기예, 과학기술, 공학, 기술 과학, 공학 기술… 모두 기술의 별명들이다. 기술이 이렇게 여러 가지 이름으로 불리는 이유는 같은 대상을 다른 관점에서 바라보거나 서로 다른 측면을 강조해서 표현했기 때문이다. 어떤 경우든 기술철학에 대해 알려면 먼저 "기술이란 무엇인가?"라는 기초적인 물음에서 시작해야 한다. 이것은 기술철학의 가장 대표적인 물음이기도 하다.

기술은 인류 역사상 오랫동안 당연한 것들의 범주에 머물러 있었다. 그러다가 근대과학 혁명과 산업혁명을 거쳐 19세기를 전후해 급격하게 발전했고, 이를 계기로 철학의 주제로 떠올랐다. 현대 기술은 우리 삶 구석구석에 스며들어 있고, 기술의 시대를 사는 우리에게 기술철학에서 다루는 물음은 더욱 중요해졌다.

기술철학에서 기술의 정의가 중요한 이유 중 하나는 기술이라는 말이 여기저기서 워낙 다양한 방식으로 사용되어 혼란이 야기되고, 때로는 새로운 정의가 생기기 때문이다. 그렇다고 "기술이란 무엇인가?"라는 기술철학의 대표적 물음이 단지 사전적 정의를 가리키는 것은 아니다. 기술의 의미를 고찰하기 위한 이 물음은 '기술'의 다양한 용례 중 어디에 초점을 두고 있느냐에 따라 조금씩 차이가 있다. 이 물음이 어디에서, 어떻게 제기되고 연구되느냐에 따라 연구 범위가 달라지기 때문이다. 따라서 "기술이란 무엇인가?"는 "기술철학이란 무엇인가? 혹은 무엇이어야 하는가?"라는 물음과 밀접하게 연관되어 있다.

—

'기술'이라는 말의 쓰임새

—

기술은 일차적으로 자연을 사람의 필요에 따라 조작하고 변형하는 일련의 활동과 관계가 있다. 그러나 '사랑의 기술'이나 '설득의 기술'처럼 "어떤 행동이나 표현을 잘할 수 있는 능력"이라는 의미로도 사용된다.

기술철학자 칼 미첨Carl Mitcham은 기술을 대상으로서의 기술, 지식으로서의 기술, 행위로서의 기술로 구분한다. 예를 들어 기술 행위의 결과물로 나온 컴퓨터 같은 기계나 건축물, 로봇을 기술이라고 부를 수 있다. 동시에 그것들을 만드는 데 필요한 지식을 기술로 보기도 하고, 그것들을 제작하는 행위 자체를 기술이라 하기도 한다. 여기에 더해 다양한 형태로 발현되는 여러 가지 기술이 모여 이루는 구조를 기술이라 부르기도 한다.

또 다른 기술철학자 자크 엘륄Jacques Ellul은 좀 알쏭달쏭한 정의를 제시했다. 그는 기술을 물리적 기계와 구분하면서 '방법'에 초점을 두었다.

> 기술은 기계나 기술 담론, 혹은 목적의 달성을 위한 이런저런 절차들이 아니다. 우리가 사는 기술 사회에서 기술은 모든 인간 활동 영역에서 합리적으로 도달된, 그리고 주어진 발전 단계에서 절대적 효율성을 가진 방법들의 총체다.
>
> (*The Technological Society*, xxv)

기술에 관한 여러 가지 정의 중에 더 나은 정의를 찾을 필요는 없다. 중요한 것은 그것이 기술의 어떤 측면, 어떤 특징에 초점을 맞추고 있는지를 파악하는 것이다. 예를 들어 핵폭탄을 현대 기술의 대표적인 사례로 볼 때는 대상으로서의 기술을 말하는 것이고, 어떤 공학자가 최신 기술을 가졌다고 말할 때는 그의 지식과 능력을 기술이라 보는 것이다. 또 부품을 조립하고 사용 후 핵연료를 가공하여 핵폭탄에 장착하는 일련의 과정들을 진행하는 것도 기술이다. 한국 사회를 '기술 사회'라고 부르는 것은 다양한 기술들이 모여 하나의 강고한 기술 시스템을 이루었음을 가리키는 말이다.

과거의 기술과 현대의 기술

기술의 정의에서는 시간적인 구분도 빼놓을 수 없다. 현대 기술 발전에 대한 경이에서 기술철학이 시작되었고, 기술철학을 현대 기술철학이라고 할 수 있다면 '기술'은 현대 기술만 의미하는 것일까? 아마도 분명하게 "그렇다."라고 대답할 철학자는 별로 없을 것이다. 현대 기술이 과거 기술과 비교할 수 없을 만큼 발전하기는 했지만, 과거와 현대의 기술이 연장선에 있다는 것 또한 부인할 수 없는 사실이기 때문이다.

정작 철학자들의 생각이 나뉘는 지점은 과거 기술과 현대 기술의 차이를 얼마나 중요하게 보는가 하는 문제다. 이에 따라 기술철학에서 다루는 내용과 방법론이 달라진다. 예를 들어 활과 핵폭탄을 놓고 볼 때, 이 둘의 차이를 철학적으로 의미 있게 볼 수도 있고 그저 정도의 차이, 즉 본질은 같으나 효율성 등 상대적인 차이가 있을 뿐이라고 생각할 수도 있다.

하이데거와 자크 엘륄, 한스 요나스Hans Jonas, 루이스 멈포드Lewis Mumford와 이반 일리치Ivan Illich 등 20세기 초반에 활동했던 학자들은 현대 기술이 과거의 기술과 뚜렷하게 구분되며, 같은 선상에서 분석할 수 없다고 보았다. 이들 중 몇몇은 과거와 현대의 기술이 '본질적으로' 다른 특성을 가진다고 생각했다. 이들에 따르면 현대 기술은 인간에게 미치는 파급 효과나 그 발전의 양상, 속도 등이 과거 기술과 크게 다르다. 그리고 이러한 양적 차이는 질적 차이로 이어진다. 나아가 이런 차이들은 과거의 기술과는 달리 인간의 자율성과 창조성을 오히려 저해한다고 보았다.

따라서 이 부류의 학자들은 현대 기술이 야기하는 문제들과 그 발전 양상을 비판한다. 이들은 기술 현상을 철학적, 사회학적으로 분석하고 윤리적 기준에 따라 평가했다. 이를 규범적 접근이라고 부른다.

반면 20세기 후반 이후 활동하고 있는 철학자들은 과거와 현대 기술의 차이를 그리 심각하게 받아들이지 않는다. 이들은 기술이 인간의 목적을 달성하기 위한 도구로 사용된다는 사실을 강조하고 과거와 현대 기술의 차이를 정도의 차이에 불과하다고 본다. 이런 시각을 가진 학자들의 주요 관심사는 기술 활동이 다른 인간 활동과 어떻게 다른가 하는 것이다. 현대 기술이 인간에게 좋은 영향을 끼쳤는지 그렇지 않은지에 대한 관심은 상대적으로 적다.

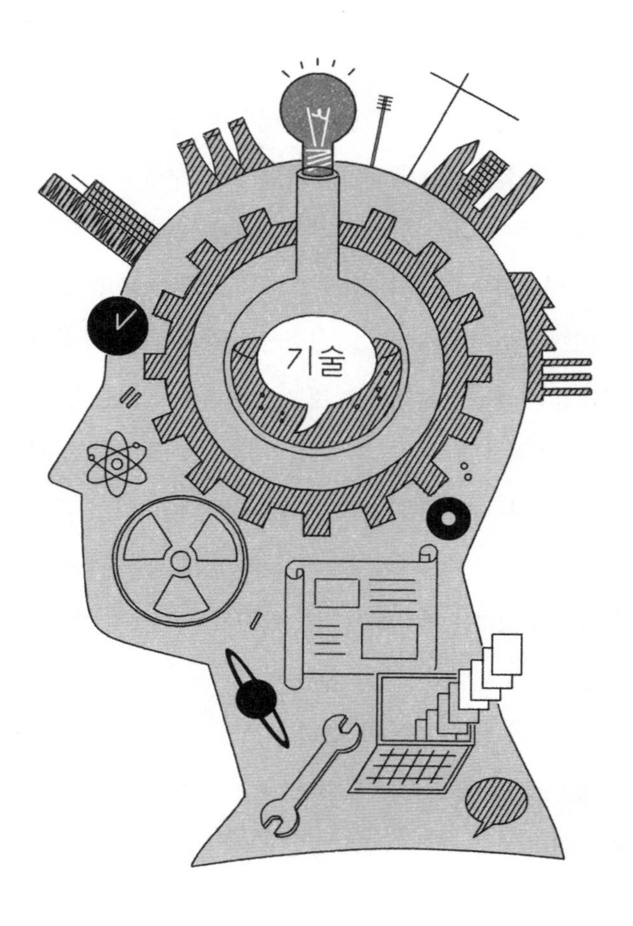

—

과학과 기술의 관계

—

과학과 기술의 관계에서도 서로 다른 이해가 있다. 어떤 사람들은 기술을 응용과학이라고 부르기도 하지만, 모든 기술적 성취가 확정된 과학적 지식에 기반을 두는 것은 아니다. 과학과 기술이 통합되어 밀접한 관계가 강조되기도 하고, 다른 한편에선 개념상으로라도 구분해야 한다는 주장도 있다.

실제로 '과학'과 '기술'이라는 말에 대한 한국어 번역은 이러한 개념상의 혼란을 실감하게 해 준다. '과학기술정보통신부'나 '한국과학기술학회'에서처럼 '과학기술'이 '과학과 기술science and technology'이라는 의미로 이해되는 경우가 많다. 그러나 'technology'만 번역하는 경우, '기술'보다는 '과학기술'로 번역되는 경우가 많다. 이것은 반복적인 연습과 훈련을 통해서 얻어지는 기예technique와는 달리, 현대의 기술은 과학적인 이론에 입각한 기술이라는 사실을 강조하기 위해서일 것이다. 이 경우에 '과학기술'은 '과학과 기술'이 아닌 '과학적 기술scientific technology'이라 해야 할 것이다. 최근에는 과학과 기술을 굳이 구분할 필요가 없다는 판단에서 '기술과학techno-science'이라는 새로운 용어가 등장하기도 했다.

과학과 기술의 상관관계를 고찰하다 보면 미묘한 정치적 함의를 발견할 수 있다. 과학과 기술의 뚜렷한 구분이 강조되는 것은 과학자와 공학자 사이의 오랜 반목과 연관성이 있다. 과학자 중에는 공학은 응용 학문일 뿐이고 순수 이론을 다루는 과학이 더 고매한 학문이라고 생각하는 이들이 있다. 반면 공학이야말로 과학 이론에 근거한 것이므로 자신들은 공학자인 동시에 과학자라고 주장하는 공학자도 있다. 한편 과학과 기술을 굳이 구분할 필요가 없다는 입장도 있는데, 여기에는 인식론적 함의가 있다. 과학과 기술이 사회적으로 구성된다고 보면 과학적 진리의 객관성을 부정하는 결과로 이어지는 것이다. 일반적으로 과학은 사실에 대한 면밀한 관찰을 통해 진리를 찾아가는 학문 활동으로 알려졌지만, 상대주의 입장의 학자들은 모든 과학 활동 자체가 사회적인 영향력 아래 있다고 생각하기 때문에 과학자와 공학자, 양쪽 모두의 거부감을 불러일으키곤 한다.

여기에 '공학'까지 더해지면 기술에 대한 이해는 더욱 복잡해진다. '공학'은 '기술'과 비슷하지만 동의어는 아니다. 기술 중에서도 과학적 지식과 더 밀접하게 결부되어 이론적 체계를 갖춘 것을 통상 '공학'이라고 부르는데, 이를 기술의 하위 개념으로 볼지, 아니면 기술과는 구분되는 다른 영역을 가리키는 것인지는 명확하지 않다. '기술철학'을 '공학 철학'이라 부르지 않고, '공학 윤리'를 '기술 윤리'라고는 부르지 않으며, '공학자'를 '기술자'라고 부르지 않는다. 부정확하지만 크게 보아서 '공학'이라는 말은 전문직으로서의 공학자에 좀 더 초점을 맞춘 것이고, 기술은 공학자가 하는 일에 초점을 맞추고 있다는 이해 정도로 만족하는 수밖에 없다.

이름은 하나인데 쓰임은 달라

'기술'이라는 한 단어로 활과 최첨단 핵탄두 미사일을 동시에 지칭하는 것은 적절한가? 과학과 기술은 도대체 어떤 관계에 있는 것일까? 공학은 무엇이고 기술은 뭘까? 공학자를 기술자라고 부르기 싫어하는 이유는 무엇일까? 명백하게 모순이 되는 여러 가지 어법들을 일목요연하게 설명해 낼 방법은 없다.

그렇다고 해서 단지 잘못된 번역어나 오용의 문제로 치부하는 것도 적절하지 않다. 기술과 연관된 여러 가지 용어들의 개념적 복잡성은 아마도 갑자기 팽창한 현대 기술의 다양한 문제들을 언어가 제대로 따라가지 못했기 때문일 것이다. 기술을 지칭하는 여러 가지 말들의 혼란스러운 사용에 대한 문제의식은 여전히 남아 있다. 따라서 각각의 용법의 이유를 찾고 쓰임의 맥락을 파악하며 그에 따른 논의도 이어져야 할 것이다.

과학기술은 우리의 운명인가

1800년대 초 영국에서는 직조공들이 공장에 새로 도입된 직조 기계를 불태우고 파괴하는 운동이 일어났다. 기록에 따르면 영국 정부 당국은 주동자들을 즉시 체포하여 처형했고, 기계를 태우는 이 저항은 2년이 채 못 되어 사라졌다. 이들은 기술 발전을 부정하고 반대하는 근시안적인 '기술 혐오주의자'의 대표 사례로 요즘도 종종 소환된다.

그런데 이 운동을 이끈 전설적 인물 네드 러드Ned Ludd와 그의 추종자들이 저지른 일이 그저 비난받아 마땅한 행동이었을까? 사실 당시의 숙련 직조공들에게 직조 기계는 현실적인 위협이었다. 직조 기계가 도입되면서 과거에 숙련노동자들이 하던 일들을 어린아이도 할 수 있게 되었기 때문이다. 물론 기계로 생산한 직물은 숙련노동자가 만든 것에 비해 훨씬 낮은 질의 상품이었다. 그러나 대량생산이 가능해지면서 직물 가격이 내려갔고, 수많은 숙련노동자는 일자리를 잃었다.

비웃음의 대상이 되면서도 오늘날까지 러다이트Luddite 운동이 우리 입에 오르내리는 이유는 한 가지다. 바로 이들의 폭력적인 항거가 대표하는 물음이다. 도대체 왜 그 기술이 필요한가? 누구를 위해 그 기술을 사용하는 것인가?

과학기술은 꼭 발전해야 하는가

철학은 당연한 것에 대한 의심, 혹은 경이의 태도에서 비롯되었고, 기술철학은 인간 삶의 중요한 일부가 된 기술에 대해 의문을 던진다. 앞에서 우리는 기술의 정의定義에 대해 생각해 보았다. 철학적 사유의 대상을 정의하는 것은 기본적인 일이기는 하지만 가장 중요한 문제는 아니다. 기술이 무엇인지 알고 싶은 이유가 기술의 엄청난 발전과 영향력에 있다면, 기술철학의 물음은 기술의 유용성 문제로 이어질 수밖에 없다.

길지 않은 기술철학의 역사에서 불편한 반응에도 불구하고 많은 논란을 불러온 물음은 바로 "기술의 발전은 과연 바람직한가?"라는 것이다. 이 물음 또한 다양한 맥락에서 제기되었다. 러다이트 운동 같은 사회 경제적 위기 앞에서도 제기되었고, 1945년 히로시마와 나가사키에 핵폭탄이 떨어지자 인류 멸망이라는 두려움 속에서 제기되기도 했다.

아직도 과학기술을 계속 발전시켜야 하는가? 이제 기술은 충분히 발전했으니 더 이상의 발전보다는 기왕에 이룬 것을 골고루 나누는 데 신경을 쓰는 것이 좋지 않을까? 한국 도로의 법정 최고 속도는 시속 110km인데 이미 시속 300km로 달릴 수 있는 자동차 마력을 더 높이려는 이유는 무엇인가? 이미 서울에서 부산까지 두 시간 정도면 오갈 수 있는데 굳이 그 시간을 다시 절반으로 줄이려고 노력할 필요가 있는가? 말라리아 약이 없어서 매년 수백만 명이 죽는데, 왜 몇 명 걸리지도 않는 불치병 치료를 위해 엄청난 투자를 해야 하는가? 선명한 화질도 좋지만 사람 눈의 식별 능력을 넘어설 정도의 고화소 디지털카메라를 자꾸 만들어 내는 이유는 무엇인가?

너무 어이없는 생각이라고 코웃음을 살지 모르지만, 가능한 모든 것을 생각해 보는 것이 철학적 사유다. 그리고 위의 물음들은 전혀 이치에 닿지 않는 것들이 아니다. 공학자라면 자신이 진행하는 프로젝트에 대해 "왜?"라고 물으며 한 번쯤 고민한 경험이 있을 것이다. 이는 무슨 정치적 편향의 문제가 아니다. 현대 기술의 발전에 회의적이던 하이데거는 나치에 부역한 극우파였고, 엘륄은 나름대로 충실한 마르크스주의자였다. 두 사람 모두 기술의 발전이 인간의 삶을 어느 정도 향상시켰다는 사실을 인정했지만, 인간의 삶이 기술의 발전으로 끝없이 좋아질 것이라는 점에 대해서는 의문을 품었다.

가능한 대답들

"기술 발전이 꼭 필요한가?"라는 물음에 가능한 대답을 최대한 많이 생각해 보자. 우선 인간의 발전 욕구는 끝이 없고, 바로 그 욕구가 인간의 인간 됨을 특징짓는 것이라 주장할 수 있다. 그렇다면 기술 발전을 멈춘다는 것은 인간의 자기 부정이나 다름없다. 그러나 18세기 서양에서 시작된 산업혁명 이전까지 기술의 발전은 느렸을 뿐만 아니라 그 필요를 아무도 느끼지 않았다는 점을 기억한다면, 이 주장은 그다지 설득력이 없다. 호기심이 없던 것도, 기술을 사용하지 않았던 것도, 진보의 개념이 없던 것도 아니지만, 호기심이 새로운 기술로 이어지지도 않고 새로운 기술 개발을 진보라고 여기지도 않았던 시절이 있었다. 그러니까 기술의 지속적인 발전을 인간성의 본질적인 부분과 연결하는 것은 과장이거나 착각이라고 할 수 있다.

자본주의 체제에서는 경쟁 때문에 기술 발전이 불가피하다는 대답도 있을 수 있다. 하지만 과거 냉전 체제 아래 공산권 국가들에서도 상당한 기술 발전이 이루어지지 않았는가? 시장 경쟁이 없어도 이들이 기술 발전을 원하고 이루었던 동력은 무엇인가? 물론 체제 간의 경쟁이었다는 대답도 가능하지만, 그러면 체제 경쟁이 끝난 오늘날 기술 발전이 계속되는 이유를 설명하지 못한다. 이웃 나라나 다른 회사가 특정 기술을 먼저 개발하는 것이 왜 그렇게 큰일이냐고 물을 수도 있다. 이것은 우리의 현실이 그렇다는 것을 부정하는 게 아니라, 그것이 바람직한 현실인지를 묻는 것이다.

한편 지금까지 기술 발전을 통해 과거에는 상상도 하지 못한 편리한 삶을 살게 되었으니, 앞으로도 기술 개발을 통해 엄청나게 행복한 변화가 올 거라는 대답을 할 수도 있다. 이는 상당히 보편적인 믿음이지만, 과학적이거나 합리적인 주장은 아니다. 우선 과거 기술 발전이 현대 기술 발전의 당위를 증명해 주지는 않는다.

또 기술의 발전이 정말 좋은 것이었는지, 어느 시점까지 좋았는지, 그 '좋음'의 의미가 무엇인지 분명치 않다. 어느 시점까지의 발전은 좋았지만, 그 이후는 별로였다는 평가가 얼마든지 가능하다. 과연 끝없는 기술의 발전이 끝없는 행복으로 이어질까? 인간의 수명이 연장되어서, 컴퓨터가 빨라져서 우리는 행복해졌는가? "네가 배가 불렀구나. 고생을 덜 했어…." 하시는 어르신의 목소리가 들리는 듯하다. 그러나 이미 배부른 세대에게 허기를 면하려 기를 쓰던 세대의 정신과 사고를 강요하는 것도 비현실적이다.

또 다른 논변으로 아직 과학기술의 혜택을 보지 못하는 사람이 많으니, 기술을 계속 발전시켜야 견인 효과로 더 많은 사람이 잘살게 될 것이라는 주장이 있다. 이 말은 그럴듯하지만 묘한 논리다. 철수는 더 빠른 비행기를 만들어야 지금까지는 걷던 사람이 그나마 성능이 떨어지는 차라도 타게 된다고 주장하고, 영희는 새 비행기를 개발할 시간과 노력으로 자동차를 만들어서 더 많은 이가 탈 수 있게 하자고 한다면 과연 누구 편을 들겠는가?

마지막으로 기술 발전에 대해 아무리 의문을 품어도 어쩔 수 없다는 결론에 이르게 될 수도 있다.

"공학자 개인이 어떤 생각을 하건, 그가 직업인 공학자로서 살아가기 위해 해야 하는 일은 기술 발전의 속도를 더하는 일뿐이다. 기술 발전의 속도에 한계를 두려는 시도는 현실에서 애당초 허락되지 않기 때문에 논의할 가치조차 없다. 그러니 어쩔 수 없다."

그러나 이런 관점은 기술의 발전에 사람이 끌려가는 것 아닌가? 상당한 힘과 시간, 마음을 쏟는 기술 발전을 위한 노력이 사람이 아닌 환경의 압력 때문이란 말인가?

기술 발전은 운명이 아니다

기술 발전의 당위에 의문을 제기하는 사람들은 많지 않다. 기술 발전에 대한 일반인들의 기대도 매우 크다. 과학기술로 나라를 세운다는 '과학기술입국科學技術立國'의 의지는 근현대 한국을 지켜온 막강한 슬로건 중 하나다. 보기에 따라서는 현대사회에서 "기술 발전은 인간의 운명"이라고 해도 좋을 법하다. 그러나 이렇게 말하고 나면 기술은 어느새 인간의 주도적이고 역동적인 활동이 아니라 수동적이고 패배적인 무엇이 되고 말 위험이 있다.

지난 2019년 3월, 미국 매사추세츠공대MIT와 독일 막스플랑크연구소를 비롯한 세계 7개국 18명의 관련 과학 분야 학자들이 "향후 최소 5년간 인간 배아의 유전자 편집 및 착상을 전면 중단하고 이 같은 행위를 관리 감독할 국제기구를 만들어야 한다."라는 내용의 공동 성명서를 국제 학술지 《네이처》에 발표했다. 이처럼 특정 과학기술에 대한 연구나 실험을 일단 중지하자는 '모라토리움Moratorium'이 과거에도 제안된 적이 있다. 이러한 노력은 기술의 발전이 필연적인 게 아니라 인간의 목적을 위해 추구되어야 한다는 점을 잘 보여 준다.

그렇다면 기술철학에서는 기술 발전이 피할 수 없는 현실이자 운명이라는 인식을 거부하고 기술 발전 중지를 주장하는 건가? 그런 오해도 없지 않지만 그렇지 않다. 기술철학이 제기하는 도전은 기술 발전이 꼭 일어나야 한다는 생각에 대한 도전이 아니다. 기술철학은 기술 발전을 운명으로 받아들이고 더는 생각하지 않으려는 안일한 태도에 의문을 제기한다. 또 기술 발전이 필요한 이유와 그 과정에 참여하는 이유에 대한 진지한 고민 없이 무조건 발전을 추구해야 한다고 고집하는 비과학적인 태도에 대해서도 마찬가지다. 기술이 운명이든 아니든 상관없다. 중요한 것은 어떤 과정을 통해서 운명이 되었는지, 혹은 그런 생각이 왜 틀렸는지에 대한 근거다.

철학은 현실을 있는 그대로 바라보려는 노력이다. 그래서 기술철학자는 '인류 복지에 이바지하는 과학기술', 혹은 '과학기술을 통한 행복한 세상의 도래'라는 이상을 의심해 본다. 그런 생각이 위험한 사고

실험이라 할지라도, 차마 근거 없는 확신에 자신을 스스로 내맡길 수는 없다. 냉엄한 철학적 사유를 통해 기술 발전의 당위성을 보일 수 있다면 더할 나위 없이 좋겠지만, 납득할 수 없으나 받아들여야 할 운명이라는 것이 밝혀져도 상관은 없다. 인생은 어차피 설명할 수 없는 많은 당위들, 즉 운명적인 요소들로 가득 차 있기 때문이다. 그러나 어떤 경우든, 운명에 지지 않으려는 사람만이 운명에 마주 서서 그것을 똑바로 바라볼 수 있는 법이다.

모든 공학자는 기술철학자가 되어야 한다

먼 옛날 그리스의 철학자 플라톤은 '철학자 왕' 이론을 제시했다. 플라톤에 따르면 민주주의는 좋은 나라를 만드는 데 적합한 방법이 아니다. 적절한 통찰을 가지지 못한 사람들이 중구난방으로 떠들게 되기 때문이다. 그래서 그는 어려서부터 철학적 훈련을 받은 사람들이 나라를 다스리는 것이 좋겠다고 제안했다. 유명한 그의 저작《국가》에 사람들을 철학자로 키우는 방법이 자세히 나온다.

그런데 그 방법이란 것이 너무 비현실적이다. 예를 들어 이 통치자 계급은 나라를 다스리는 데 필요한 훈련만 받고 그 어떤 즐거움도 누리지 못한다. 먹는 것도 소박해야 하고 철저하게 금욕적인 삶을 살아야 한다. 심지어 가족 관계도 불분명해서 누가 자기 자식인지 알 수 없도록 하는 복잡한 부부 관계를 가지도록 한다. 그렇게 태어나면서부터 몇십 년 철학 교육을 받다가 40세가 되어서야 비로소 나라를 다스리는 임무를 다하고, 이후에는 조용히 은퇴해서 사라져야 한다.

누가 이런 삶을 기꺼이 받아들이겠는가? 이론이야 얼마든지 가능하지만 실현 불가능하다. 플라톤도 그것을 알았기 때문에 현실 세계에서는 철학자 왕을 만들기 위해 다른 방법을 썼다. 철학자들을 키워 왕을 만들 현실적인 방안이 없으니, 왕에게 철학 공부를 시키기로 한 것이다. 그래서 시라큐스의 왕 디오니소스 1세에게 접근해 그를 철학자로 만들려고 시도했다. 물론 실패했다.

사실 비슷한 사상이 유교에도 있다. 조선시대 사대부의 임무는 왕을 성군으로 만드는 것이었다. 왕의 자리는 혈통으로 이어받지만, 왕의 자질은 교육을 통해 만들어진다고 보았다. 사극을 보면 왕들이 신하한테 배우고 신하들이 왕의 생각에 반대하는 장면이 자주 나오는데, 그것은 왕이 권력이 없어서가 아니라 조선시대 정치의 원리가 그러했기 때문이다.

그럼 이제 다시 기술철학으로 돌아와 물어보자. 철학자가 공학자가 되는 게 쉬울까, 공학자가 철학자가 되는 게 쉬울까? 철학자가 공학을 공부하는 것과 공학자가 철학을 공부하는 것 중 어느 것이 세상을 위해 더 좋을까? 물론 둘 다 필요하지만, 결론적으로 말해 후자가 현실적으로 더 쉽고 효율적이다. 그 이유는 공학과 철학의 특징에서 살펴볼 수 있다.

공학과 철학의 특징

공학은 문제를 규정하고 그것을 실질적으로 해결하는 과정을 배운다. 그 요구의 주체는 기업이나 대학, 심지어 자기 자신일 수도 있지만, 모든 공학 교육과 연구 방식은 문제의 발굴과 해결이라는 패러다임을 따른다. 이를 '기술과 공학의 패러다임'이라고 부를 수 있는데, 다음과 같이 요약할 수 있다.

> 모든 문제에는 답이 있으며, 그 답은 찾을 수 있다. 만약 답이 없다면, 그 문제는 애당초 문제가 아니다.

현대 공학의 흐름에서 공학자는 수행해야 할 프로젝트와 그 단기적인 결과에 집중하도록 요구받는다. 이렇게 문제와 문제 해결의 패러다임에 속도전이 가미되면 우리가 흔히 보게 되는 공학적 행위와 사고의 특징이 잘 드러난다. 즉, 문제를 설정하고 그것을 남보다 더 빨리 해결하는 것이 지상 최대의 목적이 되는 것이다. 설사 '인류의 행복' 같은 추상적인 목표를 설정하더라도 공학 현장에서는 그 목표를 구체화한 작은 목표를 이루기 위해 노력한다. 여기서 해결될 수 없는 문제란 없는 것으로 여겨지고, 만약 해결될 수 없다면 공학의 대상에서 벗어나는 것으로 취급된다.

현대를 '기술 사회'라고 부르는 이유는 단지 기술의 중요성 때문만

이 아니라 인간사의 모든 부분에서 기술과 공학의 패러다임이 작용하기 때문이다. 부모와 자식 간의 문제, 아내와 남편 사이의 문제, 정치와 문화의 모든 논의가 문제를 분석하여 나누고, 해결하고, 다시 종합하는 공학적인 방식으로 인식되는 경우가 많다. 당연히 모든 문제에는 답이 있다고 받아들여진다. 해결책은 있되, 찾지 못해서 문제라는 것이다. 그러나 이런 식의 접근은 바람직하지 않다. 어떤 패러다임이 기술과 공학의 영역에서 잘 적용된다고 해서 삶의 다른 영역에서도 잘 작동할 것이라는 보장은 없다. 잡지에 나온 가족 관계에 대한 몇 가지 테크닉을 구사한다고 해서 오늘 아침 싸우고 나온 배우자와의 관계가 좋아지는 것은 아니다.

공학이 문제 해결에 집중한다면, 철학은 문제 제기에 에너지를 쏟는다. 공학에서도 문제 발굴을 중시하지만, 이때 문제는 해결하기 위해 발굴된다. 반면 철학에서는 해결되지 않은 문제가 오히려 더 중요한 물음이 된다. 왜 사는지, 무엇이 선한지 같은 물음들은 몇천 년 동안 제기된 물음이지만 인류는 하나의 답을 도출하지 못했다. 철학에서 답이 없는 물음은 무의미한 게 아니다. 오히려 얼마나 중요한지를 방증하는 것이다. 철학에서는 굳이 답을 요구하지도 않고, 설사 해결책을 제시한다 해도 그것은 한시적이고 제한적일 뿐이다. 그러니 해답을 전제로 하는 기술과 공학의 패러다임이 인간 삶의 전반에 스며들 때 철학의 자리가 줄어드는 것은 당연하다.

그러나 철학의 자리가 줄어든다고 해서 그 중요성이 줄어드는 것은 아니다. 오히려 기술이 삶의 물리적 조건들을 급진적으로 바꾸면서 더 많은 철학적 물음들이 제기된다. 공학의 영역에서 새로운 기술들이 등장하면 철학에서는 과거에 묻지 않았던 새로운 물음들이 생겨난다. 기술과 공학의 패러다임이 강세를 띠게 되면 철학에서는 그 패러다임 자체를 분석하고 평가한다. 더 나아가 기술 때문에 철학의 모든 물음을 다른 방식으로 물어야 한다면, 모든 철학은 기술철학일 수밖에 없다. 사실 현대의 모든 철학은 기술철학이라고 해도 무방하다.

철학자가 된 공학자

철학자가 공학을 공부한다면 어떻게 될까? 그가 공학에서 다루는 개념을 어느 정도 이해하게 된다면 기술과 관련된 문제에 관해 좀 더 구체적으로 파악할 수 있을 것이다. 그리고 공학이 이루어낸 엄청난 결과를 되돌아보면서 공학이 가져온 변화가 인간 및 사회에 대한 이해와 철학적 물음의 판도까지 바꾸었다는 걸 깨닫게 될 것이다. 이제 그는 기술을 철학적 사유의 중요한 부분으로 삼을 것이고, 공학자들과의 적극적인 대화를 통해 더 나은 미래를 만들어 가기 위해 노력할 것이다. 그러나 공학 공부가 철학자가 사유하는 문제에 대한 해답을 더 잘 찾게 해 줄 것 같지는 않다.

그렇다면 공학자가 철학을 공부하면 어떤 변화가 있을까? 철학하는 공학자는 공학이 인간의 삶과 인간관계, 가치의 영역에까지 영향을 미친다는 사실에 주목할 것이다. 그리고 공학이 인간 삶에 미친 영향을 평가하는 기준을 공학이 아니라 철학에서 찾을 것이다. 이 과정에서 얻은 성과는 다시 그의 공학 활동에 적용될 것이고, 그가 만드는 기술은 특별한 성격과 의미를 갖게 될 것이다.

어느 면으로 보나 공학자에게 철학을 가르치는 것이 더 실질적이고 효과적이다. 철학자가 공학의 기초를 안다 해도 공학의 중요성과 영향력을 다 이해할 수 없을뿐더러 공학을 모른다고 해서 철학자가 공학의 중요성을 모르는 것도 아니다. 그러나 철학하는 공학자는 새로운 방식으로 생각하는 법을 알게 된다. 다른 시각에서 공학 활동을 조망함으로써 공학의 의미를 새롭게 이해할 수 있다. 철학자가 공학을 안다고 해서 세상이 바뀌지는 않을 것이다. 하지만 공학자가 철학적 사고방식을 배우면 공학자에게 얽혀 있는 세상은 바뀌게 된다. 따라서 모든 철학자가 공학자가 될 필요는 없지만, 모든 공학자는 철학자가 되어야 한다. 모든 왕이 철학자가 되어야 하듯이.

기술철학의 다양한 이론들

2

기술은 자율적인가

걱정을 넘어 대안으로 : 경험으로의 전환

기술이 만드는 새로운 인간 : 포스트휴머니즘

사람이 기술을 만드는가, 기술이 사람을 만드는가

기술은 자율적인가

19세기 초 메리 셸리Mary Shelley의 유명한 소설《프랑켄슈타인》은 과학의 힘으로 인간을 만들어 내려고 한 젊은이의 열정과 두려움, 그리고 실험의 성공이 가져온 비극을 그리고 있다. 무덤에서 훔친 시신에 생명을 불어넣은 프랑켄슈타인은 갑자기 밀어닥친 두려움에 자기 손으로 만든 인간을 버리고 도망간다. 몇 년 뒤 프랑켄슈타인 앞에 갑자기 나타난 인조인간은 자기와 같은 여자 인조인간을 만들어 달라고 요구한다. 그러면 둘이 함께 어디론가 도망가 이 세상에서 사라지겠노라고 한다. 프랑켄슈타인은 인조인간 여자를 만들려고 하다가 더 큰 두려움에 빠진다. '만약 그 둘 사이에 아이가 태어난다면 이 세상은 이런 괴물들로 가득 차게 되지 않을까?'

현대 기술이 제공하는 여러 가지 가능성은 우리를 흥분과 기대로 들뜨게 하지만, 한편으로는 불안하게 만들기도 한다. 지금까지 나온 미래를 그린 영화 대부분은《프랑켄슈타인》의 후예들이다. 현대 기술은 따라잡기 힘든 속도로 빠르게 발전하고 있고, 이러한 기술이 만들어 낼 미래는 사실상 예측 불가능하다. 그러므로 기술이 우리에게 불안감을 불러일으키는 것은 어쩌면 당연한 일인지 모른다.

지금까지 진행되어 온 기술에 관한 철학적 탐구를 봐도 기대보다는 걱정이 크다. 특히 1945년 일본 히로시마와 나가사키에 투하된 핵폭탄의 위력은 기술에 대해 깊은 우려를 낳았다. 그것은 단지 생명에 대한 위협이 아니었다. 핵폭탄은 인류가 직면한 위기, 즉 자신이 만든 기술에 의해 스스로 정복될 수 있다는 프랑켄슈타인의 우려가 적나라하게 드러난 사례였다.

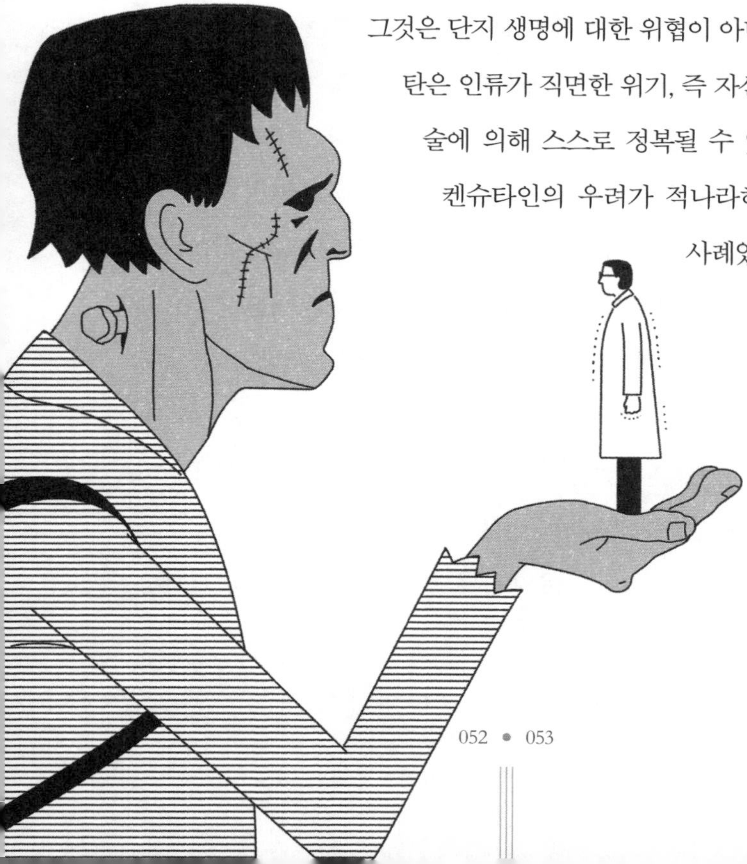

기술은 모든 것을 부품으로 만든다
마르틴 하이데거

독일의 저명한 철학자 마르틴 하이데거는 과거에 제각기 나름대로 의미가 있던 모든 것들이 현대사회에 와서는 사용하고 버리는 부품처럼 되어 버렸다고 한탄했다. 즉, 현대 기술이 개별 인간을 포함해 세상에 있는 모든 존재자를 부품으로 만들어 버렸다는 것이다. 그는 세상을 도구로 바라보는 시각을 비판한 것이다.

기술 중심 세상에 사는 현대인은 무엇을 보든지 어떤 목적으로 사용하면 좋을지 그 쓰임새에 집중한다. 아름다운 산을 보면 저 산 어디에 리조트를 지으면 좋을까, 어떻게 하면 인기를 끄는 관광 상품을 만들까 고민하고, 강을 보면 어디에 댐과 발전 시설을 지으면 좋을지 생각한다. 심지어 사람을 '인적자원human resource'이라 칭하고, 어떻게 하면 적재적소에 배치해 최대한의 가치를 생산할지 계산한다.

존재하는 것에 사용 가치만 부여하다 보면 사용이 끝나면 버려야 한다. 기계의 부품이 닳아 못 쓰게 되면 똑같이 생긴 다른 부품으로 교체하듯이 말이다. 이러한 태도는 의식적인 것이 아니다. 모든 것이 조작 가능하다는 사고방식이 팽배한 사회에 살면서 우리는 자신과 타인마저 부품처럼 생각하는 것에 길들여지고 말았다. 하이데거는 이를 현대 기술의 '닦달Ge-Stell'이라 표현하기도 한다.

이것은 전통적인 과거의 기술에서는 볼 수 없었던 양상이다. 예술이 자연의 아름다움을 찾아 드러내듯이 과거의 기술은 이와 비슷하게 세상 만물의 의미를 더욱 풍성하게 드러냈다. 하이데거는 "라인강에 걸쳐진 작은 나무다리는 강을 드러나게 하지만, 강에 세워진 수력 발전 댐은 강물을 에너지 자원으로만 드러나게 한다."라고 했다.

그러면 어떻게 할 것인가? 하이데거는 현대 기술이 세상을 드러내는 방식을 있는 그대로 받아들일 수밖에 없다고 보았다. 그렇다고 해서 자포자기하는 것은 아니다. 그는 "위험이 있는 곳에 희망 또한 자라네."라는 독일 시를 인용하며 존재자들에 대한 새로운 이해가 도래하기를 기대했다.

—

기술은 자율적이다

자크 엘륄

—

프랑스의 정치학자이자 기술철학자인 자크 엘륄은 "현대 기술은 사실상 자율적이 되었다."라고 했다가 기술 혐오론자의 대표로 취급받게 되었다. 그러나 수많은 비난과 비아냥을 받은 그 주장의 의미는 기술이 인간을 지배하게 될 테니 기술 발전을 중단해야 한다는 뜻이 아니다. 현대인들은 기술을 인간이 만들고 통제할 수 있는 수단이라고 굳게 믿고 있지만, 정작 이제껏 아무도 기술 발전을 주도적으로 이끌지 못했다는 것이 그의 핵심 주장이다. 엘륄은 이에 대해 구체적으로 다음과 같이 설명한다.

첫째, 현대 기술의 선택이나 확산에 있어서 인간은 선택의 우선권을 갖지 못한다. 더 효율적인 기술이 선택되고, 성공한 기술은 예외없이 다른 곳으로 퍼져 나간다. 또 기술은 다른 기술과 끊임없이 합쳐져서 새로운 기술을 만들어 낸다. 이러한 현대 기술의 발전 경로를 관찰해 보면 그 과정에서 인간의 판단이 그다지 중요하지 않다. 물론 효율성을 계산하고 기술 간 결합을 실질적으로 이루어 내는 것은 인간이다. 그러나 인간이 그 기준과 흐름을 통제하지는 못한다. 즉, 기술 발전의 흐름 앞에 인간의 자율성은 크게 의미가 없다.

둘째, 현대 기술이 엄청난 규모로 확장됨에 따라 개인이나 집단이 특정 기술의 발전 과정에 대해 완전히 파악하거나 제어하는 것이 불가능해졌다. 따라서 누군가 특정 기술의 개발을 멈추려 해도 그가 혼자 할 수 있는 일은 거의 없다. 상당수의 과학자와 공학자가 힘을 합친다 해도 기술의 발전을 완벽히 통제하는 것은 거의 불가능하다.

셋째, 현대인은 기술 발전을 통제하고 싶은 생각이 별로 없다. 통제 가능성을 부인하는 자조적인 입장도 있지만, 기술 발전은 무조건 좋은 것이라는 관념이 놀랍게도 널리 퍼져 있다. 이들에게는 기술을 통제해야 한다는 주장 자체가 지극히 비현실적이고 허망한 이야기로 들릴 뿐이다. 이것이 바로 기술이 자율성을 갖는 기술 사회의 전형적인 현상이다.

결과적으로 기술이 자율적이라는 주장은 기술철학자 랭던 위너

Langdan Winner가 말한 것처럼 기술에 관한 것이기보다는 기술 사회에서 손상되어 버린 인간의 자율성에 관한 이야기다. 이러한 엘륄의 생각은 다분히 비관적인 결론으로 이어진다. 그는 기술 사회에서 인간의 자율성이 거의 상실되었기 때문에, 인간에게 남은 자유란 "기술 사회에서 자유롭지 않음을 인정할 자유"밖에 없다고 주장한다. 이것이 새로운 논의의 출발점이다. 기술의 자율성을 극복하고 인간이 주도권을 되찾기 위한 시작이 인간의 자율성 상실을 인정하는 데 있다니 참 아이러니하다.

—

큰 힘은
큰 책임을 요구한다
한스 요나스

—

하이데거의 유대인 제자였던 철학자 한스 요나스는 인간이 현대 기술을 통해 엄청난 힘을 가지게 되었으니 그에 합당한 책임을 져야 한다고 주장한다. 요나스는 핵폭탄의 엄청난 위력에도 충격을 받았지만, 화학 비료의 영향력도 핵폭탄과 크게 다르지 않다고 생각했다. 생물에게 유전자 조작 기술이 적용되는 현실에서 그는 이제 인간이 동시대의 다른 인간에게 도덕적 책임을 지는 것만으로는 충분치 않다는 것을 알았다.

윤리는 다른 사람에게 끼친 해악에 대해 책임지고 보상할 것을 요구한다. 그런데 현대 기술 때문에 인간은 여러 세대 후의 자손들에게 나쁜 영향을 끼치는 악행을 저지르고 있다. 방사능에 노출된 사람은 유전자가 변이되고, 그것은 다음 세대로 유전되어 고통이 이어진다. 더구나 핵폭탄의 등장으로 인간은 지구 전체를 멸망시킬 수 있는 능력까지 생겼다. 이제 인간은 자연으로부터 자신을 지키는 데 급급해하지 않는다. 바야흐로 자연을 보호해야 하는 시대가 온 것이다.

이렇듯 오늘을 사는 우리가 미래 세대와 자연 전체의 안위에 큰 영향력을 미칠 수 있다면 그에 상응하는 책임을 응당 져야 할 것이다. 요나스는 현대 기술 사회를 이끌 새로운 윤리적 원칙으로 '책임의 원칙'을 제시한다. 이 원칙은 이러저러하게 행동하라는 지침을 내세우고 있지는 않지만 지금 이 땅에 있는 것들을 계속 존재하게 하는 중요한 단서가 된다.

고전적 기술철학

이외에 루이스 멈포드나 허버트 마르쿠제 Herbert Marcuse 같은 사상가들도 현대 기술에 대한 여러 가지 문제를 제기했다. 이들을 포함해 앞서 살펴본 하이데거, 엘륄, 요나스처럼 2차 세계대전 전후에 활동하면서 기술에 대한 우려의 목소리를 높였던 철학자들을 '고전적 기술철학자'라고 부른다. 각각의 통찰은 다르지만, 이들을 한데 묶을 수 있는 공통점이 있다.

먼저 거시적인 차원에서 기술 비판을 할 뿐 구체적인 대안이나 사례를 제시하지는 않는다. 이들은 서양 역사와 철학의 큰 맥락 속에서, 즉 인간 본성에 대한 고민의 연장선에서 기술의 문제를 다루었다. 그래서 이들이 제기한 문제는 다소 추상적일 뿐 아니라 해결 방안도 구체적이지 않았다.

또 하나의 공통점은 이들이 과거의 전통적인 기술과 현대 기술을 명확하게 구분했다는 점이다. 이들은 현대 기술이 초래한 문제에 주목했고, 때로는 과거의 전통적인 기술을 그리워하기도 했다. 이러한 태도 때문에 퇴행적이고 비현실적인 이론으로 평가되기도 했으나 비관적 태도를 보였다고 해서 그들의 이론을 배척할 수는 없다. 현대 기술에 관한 우려에도 그만한 이유가 있지 않을까? 분명한 것은 아무런 근거 없이 긍정적으로만 사고하는 사람들에게 이들의 주장은 유효한 경고가 된다는 점이다. 비판적 사고가 전제되지 않은, 무조건적 긍정은 재앙의 씨앗이다.

현대 기술에 대한 고전적 기술철학자들의 우려는 인간과 기술의 관계에 대한 깊은 통찰을 우리에게 보여 준다. 따라서 이들의 비관주의를 기술에 대한 거부나 감상적인 낭만주의로 치부하는 것은 곤란하다. 우리는 이들의 우려 섞인 목소리 속에서 더 나은 미래에 대한 간절한 바람을 읽어 낼 수 있어야 한다. 그러나 여전히 물음은 남아 있다. 어떻게 오늘날의 기술 사회를 개선할 것인가?

걱정을 넘어 대안으로 : 경험으로의 전환

현대 기술에 대한 문제의식은 다양한 논의를 끌어냈고 기술철학도 발전했다. 고전적 기술철학자들의 뒤를 이은 학자들은 기술 사회 비판을 의미 있게 받아들이면서도 대안을 제시하려고 노력했다. 1970년대와 1980년대부터 시작된 이 흐름을 '경험으로의 전환empirical turn'이라 부른다.

이 흐름에 속해 있는 학자들은 현대 기술에 대한 전반적인 비판보다는 경험적인 근거를 중시했고, 개별 기술들이 어떻게 발전해 가는지에 초점을 맞추었다. 나아가 기술로 인해 생겨난 문제들을 해결할 실질적인 방안들을 고민했다.

철학자와 공학자가 만나야 한다

칼 미첨

칼 미첨은 고전적 기술철학의 시대가 끝난 1970년대 말부터 사실상 기술철학계를 이끌어 온 학자라고 할 수 있다. 그는 자신만의 독특한 이론을 내세우기보다는 기술철학 안의 모든 이론과 입장들을 서로 연결 짓고 정리하는 역할을 자임했다. 고전적 기술철학자들이 제기한 현대 기술 사회에 대한 우려를 누구보다 잘 이해하고 있었기에 그는 가장 현실적인 대안을 찾고자 했다. 나아가 그 대안들을 실제에 적용하기 위한 실질적인 방안도 고민했다.

미첨은 기술철학의 역사를 공학적 기술철학과 인문학적 기술철학으로 나누어 설명했다. 전자는 기술에서 시작하여 철학으로 나아가는 것이고, 후자는 철학에서 시작하여 공학으로 나아가는 것이다. 그는 '기술'의 의미를 기계와 같은 기술 활동의 결과물, 기술 활동의 이론적 기반이 되는 지식, 그리고 공학자들이 현장에서 발휘하는 기술 활동 자체 등으로 나누어 생각했다. 미첨은 기술철학 이론에 대한 면밀한 관찰을 토대로 기술과 철학이 현실에서 만날 수 있는 기반을 마련하고자 했다.

기술철학의 역사에서 미첨의 가장 큰 기여는 기술철학자와 공학자가 만나서 한편으로는 공학을 좀 더 깊이 이해하고 다른 한편으로는 철학적 통찰을 나누어야 한다고 주장한 것이다. 이 말은 당연하게 들리지만 현실적으로는 실현하기가 어렵다. 철학자와 공학자의 사고방식과 연구 방법이 다르고 지향점 또한 다르기 때문이다. 그러나 미첨은 기술철학의 사유를 공학자들이 현실화하지 않으면 철학적 통찰의 의미가 반감된다고 생각했다. 그래서 그는 공학자와의 만남을 주선하고 공학자의 윤리 교육에도 적극적으로 참여하는 등 노력을 기울여 왔다.

기술은 정치적이다
랭던 위너

누군가에게 유리한 기술이 누군가에게는 불리할 수 있다. 스마트폰이 처음 나왔을 때 많은 사람이 그 새로움에 열광했지만, 그저 간단한 통화를 원하는 노인에게는 복잡하고 겁나는 기계일 뿐이었다. 차별하려는 의도가 없어도 어떤 기술이 누군가에게는 불리한 결과를 가져올 수 있다. 이것을 두고 랭던 위너는 "기술은 정치적이다."라고 표현했다.

엘륄은 기술의 발전이 자율적이라고 했지만, 위너는 기술이 자율적인 게 아니라 표류하는 중이라고 주장한다. 기술을 중립적이라 생각하고 대부분 관심을 두지 않아서 기술이 인간의 통제를 벗어나는 것이지, 민주적인 기술을 개발하려는 뚜렷한 목표만 있다면 기술을 통제할 수 있다고 본 것이다.

위너는 기술을 만드는 과정이 법을 만드는 과정과 비슷하다고 설명한다. 법은 시민이 만들지만 일단 만들어지면 시민의 삶을 규제하는 힘이 생긴다. 그래서 여러 사람에게 공평하게 적용되는 좋은 법을 만들어야 한다. 마찬가지로 사람이 기술을 만들지만 일단 개발되면 인간과 사회의 여러 측면에 영향을 미치게 되기 때문에 좋은 기술을 개발해야 한다. 그러면 좋은 기술은 무엇일까? 삶을 풍요롭게 하고 더 많은 사람에게 더 큰 유익을 주는 기술일 것이다.

민주적인 기술과 비민주적인 기술의 대표적인 예가 태양광 발전과 원자력발전이다. 태양광 발전 시설은 원하는 곳이라면 설치하는 데 제약이 거의 없고, 일정한 요건만 갖추면 관리도 어렵지 않다. 반면에 원자력발전은 여러 가지 위험 요소들 때문에 잘 짜인 위계적 관리 조직이 필요하다. 따라서 원자력발전은 중앙 집권적인 조직과 함께 가기가 더 쉽고, 태양광 발전은 민주적인 삶의 방식에 더 가까운 기술이다. 위너는 기술이 우리 삶에 지대한 영향을 미치기 때문에 기술 사회의 시민들은 어떤 기술을 개발할지 깊이 숙고하고, 민주적인 기술을 개발하기 위해 애써야 한다고 주장한다.

기술은 사회적 합의의 산물이다

앤드루 핀버그

기술이 발전하는 과정을 면밀히 지켜본 일군의 사회학자들은 "기술이 사회적으로 구성된다."라는 이론을 수립했다. 이들에 따

르면 기술 발전 초기에는 그 기술을 어디에 쓸지 다양한 해석들이 존재하지만, 시간이 지나면 하나로 수렴하게 된다는 것이다. 예를 들어 자전거가 처음 만들어졌을 때는 등하교나 출퇴근에 이용할 교통수단인지, 빠른 속도를 즐기기 위한 운동 기구인지 불명확했다. 그래서 다양한 디자인으로 개발되었는데 앞뒤의 바퀴 크기가 비슷해서 안전한 자전거도 있고, 앞바퀴를 크게 해서 안전성은 좀 떨어져도 속도가 빠른 자전거도 있었다.

시간이 지나면서 자전거는 이동을 위한 교통수단이라는 생각이 더 널리 퍼져 나갔고, 빠른 속도에 초점을 맞춘 디자인은 도태되었다. 오늘날 앞뒤 크기가 같은 자전거 바퀴가 당연해진 이유는 그것이 더 효율적이어서가 아니라 자전거 개발 초기의 사회 구성원들이 자전거에 대한 특정 해석에 합의했기 때문이다. 그렇다면 기술은 인간의 영향력이나 효율성의 법칙을 절대적으로 따르는 게 아니라 우연한 방향으로 발전하는 게 아닐까?

앤드루 핀버그Andrew Feenberg는 이 암묵적인 집단의 합의를 명시적으로 끌어낼 수 있다면 기술에 대한 민주적인 통제의 수단으로 사용할 수 있다고 보았다. 지금은 전문가가 기술 발전의 방향성을 정하고 시민들의 의사는 간접적인 방식으로만 반영되는데, 시민들의 생각을 좀 더 적극적으로 표현할 방안을 마련해야 한다는 것이다. 그런데 국민투표로 이런 과정을 이루어지게 할 수는 없다. 그가 말하는 기술의 민주화는 개별 기술의 설계에서부터 미리 사회적으로 합의된 내용이 녹아 들어가도록 하자는 것이다.

예를 들어 과거에는 5층 정도 건물에 엘리베이터를 설치하는 것이 추가 비용이 드는 부가적인 선택 사항이었지만 지금은 그렇지 않다. 장애인의 이동권이 중요하다는 인식이 생겼고, 공공건물에는 반드시 엘리베이터를 설치해야 한다는 법도 만들어졌다. 이런 변화는 처음에는 의식적인 노력과 운동을 통해 일어나지만, 어느 시점이 지나면 건물 설계에 당연히 들어가는 기본요소가 된다. 핀버그는 이것을 '기술 코드technical code'가 변하는 것이라고 설명한다. 이것이 사회적 합의가 기술 설계에 반영되는 민주화 과정이다.

—

기술의 경제학에서 기술의 생태학으로

빌렘 반더버그

—

캐나다에서 공학을 공부하던 빌렘 반더버그Willem H. Vanderburg는 엘륄의 책을 읽고 큰 충격에 빠진다. 프랑스로 엘륄을 찾아가 사사한 반더버그는 지금까지도 엘륄의 기술 사회 비판과 자율적 기술의 개념이 현실과 잘 들어맞는다고 주장한다. 반더버그는 토론토대학의 '과학기술과 사회발전 센터' 소장으로 공학도들을 가르치면서 엘륄의 통찰을 어떻게 이 시대에 적용할 것인지 고민하고 있다. 엘륄의 사상을 전적으로 수용하면서도 그의 기술 비판에 머무르지 않고, 현대 기술 사회에서 인간의 자율성을 증진할 방안을 마련하고자 한다.

그의 중요한 제안 중 하나는 '기술의 경제학economy of technology'이 아닌 '기술의 생태학ecology of technology'을 지향하자는 것이다. 기술의 경제학은 기술 발전의 흐름을 따라 일단 신기술을 개발하고, 이후 초래되는 문제는 새로운 기술을 통해 해결하려고 한다. 이때 문제를 해결하기 위한 기술은 이전의 개발과는 무관하며 독립적인 것으로 이해된다.

반면 기술의 생태학은 신기술을 개발하기 전에 그 개발로 인해 생길 수 있는 여러 가지 영향들을 예측하고 심각한 문제가 생기지 않는 방향으로 개발을 추진하는 것이다. 이렇게 하면 신기술 개발 속도는 늦어지겠지만, 전체적으로 보면 더 경제적일 수 있다는 것이다. 반더버그는 이러한 주장을 '예방적 공학preventive engineering'이라는 개념으로 정리했다.

물론 일어날 일들을 모두 예측할 수 없고, 기술의 사회적 영향까지 고려하면 그 예측 불가능성은 더욱 커진다. 그렇다고 해서 합리적으로 예상 가능한 문제들까지 눈감을 수는 없는 노릇이다. 특히 최근 환경 문제에 대한 우려가 커지면서 예방적 공학에 대한 공감대는 점점 더 커지고 있다.

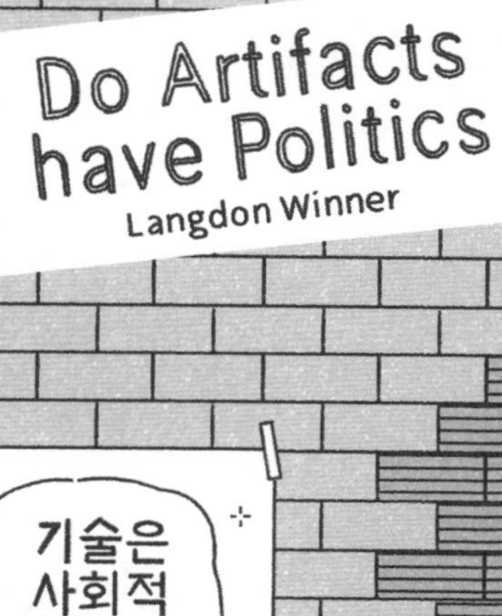
Do Artifacts
have Politics
Langdon Winner
기술은
사회적
합의의
산물이다
THE
HUMANITARIAN
ENGINEERING
POSSIBILITY

기술의 경제학에서
기술의 생태학으로

기술이 만드는 새로운 인간 : 포스트휴머니즘

현대 기술의 역사는 불가능을 가능으로 만들어 온 과정이다. 인류 역사에서 지난 200년 동안 기술이 일으킨 변화는 이전 2,000년 동안 일어난 변화보다 더 컸다. 200년 전에는 상상도 못 했던 일이, 아니 불가능하다고 믿었던 일들이 오늘날에는 일상이 되었다. 이런 추세로 기술 발전이 이어진다면 앞으로 20년 후 미래에 대한 그 어떤 상상도 허황한 것으로 쉽게 단정 짓기 어려울 것이다. 이제 사람들은 미래학자들의 어떤 이야기에도 많이 놀라지 않는다. 사람의 뇌를 컴퓨터에 다운로드할 수 있을 거라고 해도, 사람이 죽음을 극복할 수 있을 거라 해도 "그럴 수도 있겠지."라고 반응하기 일쑤다.

불가능의 극복, 인간의 극복

기술로 이루게 될 미래 사회에 대한 기대는 새로운 인간의 출현을 예고하기에 이르렀다. 2000년대 들어 본격적으로 시작된 '포스트휴먼posthuman'에 대한 논의가 바로 그것이다. 포스트휴머니즘은 기술철학의 전통에서 나온 것은 아니지만 무시할 수 없는 하나의 흐름으로 발전하고 있다. 이를 따르는 학자들은 기술이 과거에 불가능하던 것들을 극복하게 해주었을 뿐만 아니라 인간 자신, 즉 '인간의 인간 됨'을 극복하는 경지에 이르렀다고 주장한다. 포스트휴머니즘은 크게 두 개의 흐름으로 나누어 볼 수 있다. 하나는 미래에 도래할 인간에게 초점을 두고 있고, 다른 하나는 인간에 대한 이해가 어떻게 변화할지를 집중하여 다룬다.

완벽한 인간에의 꿈 : 트랜스휴머니즘

구글의 미래학자이자 공학자인 레이 커즈와일Ray Kurzweil은 그의 책 《특이점이 온다》를 통해 기계의 지능이 인간의 지능을 추월하는 특이점이 곧 올 것이라고 주장한다. 특이점은 인간이 가진 모든 감성과 지성 능력이 완벽하게 기술로 모사되는 것을 지나 인간보다 더 우월한 기술이 등장하는 것을 말한다. 이 순간이 오면 기술 발전이 더는 인간의 능력에 의존하지 않게 될 것이다.

특이점에서는 인간과 기술을 분리하여 생각하지 않는다. 사람은 기계처럼 되고, 기계는 사람처럼 될 것이다. 사람의 두뇌에는 나노로봇이 이식되고, 로봇은 인간처럼 생각하고 느끼게 될 것이다. 사람의 생각, 즉 두뇌 속 모든 정보를 다운로드할 수 있게 되고, 실제와 가상의 차이가 불분명해지며, 인식의 지평은 상상할 수 없을 만큼 넓어질 것이다. 여기에 생명공학이 접합된다면 인간은 지금과 전혀 다른 존재가 될 것이다. 커즈와일은 인간이 죽지 않는 존재가 될 것이라고 주장하면서 특이점이 올 때까지 살아 있으려고 노력하고 있다고 말한다.

기계와 비슷해진 사람, 사람과 비슷해진 기계는 모두 포스트휴먼이다. 포스트휴먼은 새로운 인간이다. 인간과 다른 동물들을 서로 다른 종으로 분류하듯이 포스트휴먼은 지금 우리가 경험하는 인간과는 질적으로 다른 인간이다. 그래서 포스트휴먼이 진화의 다음 단계라고 주장하는 사람들도 있다. 인간이 기술을 통해 스스로 진화를 구현해 나가고 있다는 것이다.

포스트휴먼의 모습을 실감 나게 표현한 일본의 애니메이션 영화 〈공각기동대〉1995년가 있다. 1989년부터 일본의 한 잡지에 연재된 같은 제목의 만화를 토대로 한 이 영화에서는 사람의 뇌와 네트워크가 연동되어 있다. 거기에서는 인간과 사이보그, 로봇의 차이가 불분명하고 자기 정체성의 핵심은 '고스트ghost'라는 것으로 표현된다. 사이보그인 쿠사나기 소령은 자신이 누구인지, 과연 진짜 인간인지 고민한다. 결국 그는 자신이 쫓던 범죄 프로그램인 '인형사'와 결합해 새로운 존재로 변화한다. '인형사'는 컴퓨터 프로그램이지만 기억과 정체성을 가지고 변화해 가면서 스스로 진화의 단계를 이어 가는 생명체로 묘사된다.

이렇게 미래의 인류 모습에 집중하는 포스트휴머니즘의 흐름을 '트랜스휴머니즘transhumanism'이라 부르기도 한다. 이를 주장하는 사람들은 인간이 가지고 있는 모든 약점을 극복한 새로운 인간의 출현을 기대한다. 죽음마저 극복한 강인한 육체와 모든 정보와 지식을 파악할 수 있는 지적 능력, 도덕적으로도 완벽한 존재가 바로 트랜스휴먼이다.

인간의 재발견 : 비판적 포스트휴머니즘

포스트휴머니즘의 또 다른 흐름은 미래의 기술적 성취보다 그 성취의 철학적 의미를 살핀다. 이러한 흐름을 '트랜스휴머니즘'과 구별하여 '비판적 포스트휴머니즘'이라고 부른다. 비판적 포스트휴머니즘은 현대 기술의 발달로 지금까지 우리가 인간에 대해 가지고 있던 여러 가지 생각들이 도전받고 있다는 데 주목한다. 이 도전을 통해 우리는 인간에 대해 새로운 이해로 나아갈 수 있게 되었다는 것이다.

일본 인공지능학회의 2014년 학회지 표지에는 굵은 전선에 연결된 젊은 여성 모습의 로봇이 빗자루를 들고 있는 삽화가 실렸다. 그런데 이 그림은 예상치 못한 비판에 부딪혔다. 청소하는 로봇이 여성의 모습을 한 것은 청소가 여성의 일이라는 편견을 드러낸다는 것이었다. 인공지능학회는 곧 사과하고 이후 윤리위원회를 구성하여 인공지능 개발 시 지켜야 할 차별 금지, 악용 금지, 정보 관리 등에 관한 윤리 지침을 마련했다.

이 사례는 기술 발전을 통해 인간에 대한 기존의 이해를 되돌아보게 한다. 예를 들어 피부색, 성별, 나이는 지금까지 인간을 대하는 데 있어 매우 중요한 요소들이었다. 그런데 기술의 발전으로 인간과 비슷한 로봇이 만들어지면 이런 조건들은 큰 의미가 없다. 로봇의 외양이 젊은 백인 여자든, 나이 든 흑인 남자든 로봇의 기본 골격과 구조에는 차이가 없기 때문이다. 여기서 우리는 중요한 발견을 할 수 있다. 우리가 누군가를 판단하거나 대할 때 기준으로 삼았던 지금까지의 조건들이 얼마나 자의적이었는가 하는 것이다. 생각해 보면 피부색의 차이는 남녀 구분보다 덜 근본적이며, 남녀 구분보다도 더 중요한 것은 인식 능력이다.

또 다른 깨달음은 인간 몸의 의미에 대한 것이다. 서양 근대 철학의 전통에서는 인간의 이성을 강조하는 반면 몸을 무시하는 경향이 있었다. 그러나 기술을 통해 새로운 인간을 만들려고 하는 과정에서 인간이 몸을 가진 존재라는 것과 그 중요성을 알게 되었다. 예를 들어 몸의 통증은 없애야 하는 골칫거리로만 인식됐지만, 만약 만들어진 인간이 등장한다면 통증에 새로운 의미가 부여된다. 즉, 통증은 인간과 만들어진 인간을 구분하는 중요한 척도가 될 수 있다. 통증에 대한 몸과 마음의 반응, 그리고 통증을 극복하려는 부단한 노력은 하나의 생명체로서 인간이 긴 역사에서 이뤄 온 중요한 부분이다. 로봇이 통증을 느끼고 반응하는 것은 대단히 어려운 일일 것이다. 그렇다면 통증을 느끼지 못하는 로봇을 과연 인간과 비슷한 존재라고 할 수 있을까?

비판적 포스트휴머니즘은 기술의 발달, 특히 새로운 인간의 출현을 통해 인간이 자기 자신에 대해 더 잘 이해하게 되고, 그 이해를 바탕으로 새로운 인간의 자리로 나아갈 수 있다고 본다. 그러면 새로운 인간의 특징은 무엇일까? 비판적 포스트휴머니즘의 이론가인 캐서린 헤일즈Katherine Hayles는 포스트휴먼의 특징을 '주체성이 구성되는 방식'으로 규정한다. 그는 사이보그처럼 인간이 기계적인 요소와 합쳐지거나 뇌가 컴퓨터와 연결되는 방식으로만 포스트휴먼이 생겨난다고 보지 않았다. 헤일즈는 인간과 여러 가지 지능형 기계들이 서로 연결되어 작동하는 것도 포스트휴먼으로 생각한다.

비판적 포스트휴머니즘의 시각에서 보면 트랜스휴머니즘이 강조한 새로운 인간에 대한 기대가 좀 우스워 보인다. 인류 역사를 돌아보면 오래전부터 더 강한 인간, 죽지 않은 인간을 꿈꾸는 사람들이 있었다. 하지만 지금까지 모든 문명은 죽음에 대한 두려움, 즉 모든 인간이 죽는다는 사실을 전제로 이어져 왔고 트랜스휴머니즘은 이러한 사실을

간과하고 있다. 트랜스휴머니즘은 오랫동안 인간이 추구하던 꿈같은 욕심을 이루려 할 뿐, 인간에 관한 진정한 성찰을 하지 못하고 있다.

—

우리는 어떤 인간이 될 것인가

—

기술의 발전은 인류가 생각해 오던 인간에 대한 이해에 오류가 있음을 적나라하게 보여 주었다. 다른 한편으로는 그 기술을 통해 인간이 완전히 변하게 될 것이라고 예고한다. 그렇다면 이제 우리의 물음은 "어떤 인간이 될 것인가?" 혹은 "어떤 인간이 되어야 하는가?"이다. 무엇을 기준으로 우리는 인간다운 인간과 그렇지 않은 인간, 바람직한 사회와 그렇지 않은 사회, 좋은 기술과 나쁜 기술을 구별할 것인가?

포스트휴머니즘은 기술의 발전을 계속될 운명 같은 것으로 인정한다는 점에서 기존의 기술철학 이론들과 일정한 차별성을 갖는다. 기술에 대한 통제나 관리보다는 기술 발전으로 인한 새로운 인간의 모습에 집중하는 것이다. 그러나 결국 포스트휴머니즘은 기술철학의 문제가 인간에 관한 물음이라는 것을 명확하게 보여 준다.

사람이 기술을 만드는가, 기술이 사람을 만드는가

사람은 도구를 만들어 사용한다. 그래서 호모 파베르Homo faber라 부른다. 동물 중에도 도구를 사용하는 것처럼 보이는 경우가 있지만, 그 양태는 매우 제한적이다. 새가 둥지를 만들거나 비버가 댐을 짓는 것을 보면 늘 동일한 방법으로 동일한 재료를 사용하여 동일한 모습의 무엇인가를 만들어 낸다. 이것은 의식적이고 체계적인 판단에 의한 것이라기보다 본능에 따른 것이다. 사람은 특정한 목적을 이루기 위해서만 도구를 만드는 게 아니라 그 도구를 만드는 과정을 통해 삶의 맥락 자체를 바꾸어 버린다.

그렇게 만들어진 도구는 다시 사람을 만든다. 앞서 살펴본 고전적 기술철학은 현대 기술이 인간에게 미치는 영향이 너무 크고, 또 부정적이라고 지적했다. 심지어 포스트휴머니즘은 기술의 발전을 통해 인간의 본성 자체가 바뀌어 새로운 종류의 인간이 생겨날 것이라고 주장한다. 얼핏 들으면 호모 파베르의 정의에 어긋나는 것 같지만, 기술의 역사를 되돌려 보면 기술이 인간의 삶과 인간 자신을 바꾸어 온 것은 명백한 사실이다. 석기시대나 철기시대처럼 사용하던 도구로 인류의 고대사를 나누는 것도 그런 이유일 것이다.

이렇게 서로 모순인 듯 보이는 주장들을 합쳐서 '호모 파베르의 역설'이라 이름 붙이기로 하자. 인간이 기술을 만들지만, 기술도 인간을 만든다는 이 알쏭달쏭한 역설이 기술철학의 논의 전반에 숨어 있다. 어떤 부분을 강조하는가에 따라 조금씩 다르기는 하지만, 모두 호모 파베르의 역설을 피해 가기는 어렵다.

호모 파베르의 역설

호모 파베르의 역설이라는 관점에서 생각해 보면, 지금까지 논의한 기술철학의 세 가지 흐름을 다른 각도에서 이해할 수 있다. 고전적 기술철학과 포스트휴머니즘은 기술이 사람을 만드는 쪽에 더 초점을 맞춘다. 고전적 기술철학은 기술이 사람을 새롭게 만들어 가는 상황을 심각한 위기로 본다면, 포스트휴머니즘은 이를 기정사실로 받아들이고 새로운 인간을 기대한다는 차이가 있다. 고전적 기술철학

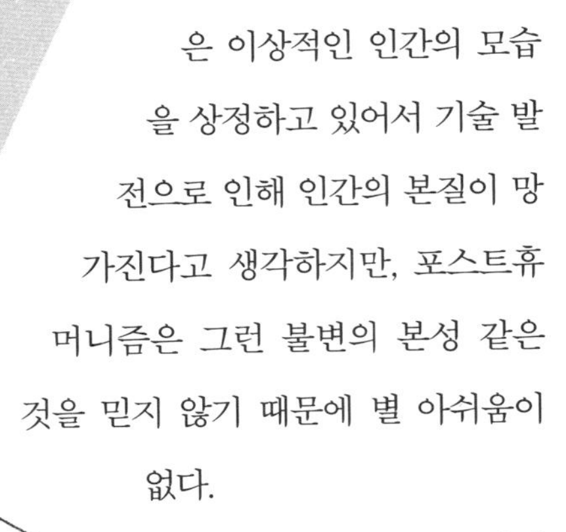

은 이상적인 인간의 모습을 상정하고 있어서 기술 발전으로 인해 인간의 본질이 망가진다고 생각하지만, 포스트휴머니즘은 그런 불변의 본성 같은 것을 믿지 않기 때문에 별 아쉬움이 없다.

또 고전적 기술철학과 포스트휴머니즘은 사람이 기술을 만드는 측면을 상대적으로 가볍게 여긴다. 전체적인 기술 발전의 흐름에서는 사람의 의식적인 개입이란 게 의미 없게 보일지 모르지만, 기술이 개발되는 과정에서 사람이 하는 역할의 중요성은 적지 않다. 그러므로 기술의 자율성이라는 개념은 기술 사회의 현실을 제대로 반영하지 않은 것이다.

한편 경험으로의 전환을 주장한 철학자들은 사람이 기술을 만들고 통제한다는 것을 조금도 의심하지 않는다. 이들이 제시한 이러저러한 대안은 기술에 대한 인간의 통제가 그동안 다소 느슨하거나 잘못

된 방식으로 이어져 왔다는 것에 대한 반성이다. 그들은 기술의 민주화를 비롯해 기술을 제대로 개발하고 사용하고 통제하는 방안을 제시하고, 그것을 통해 기술을 인류 발전에 바람직한 도구로 계속 사용할 수 있으리라고 믿는다.

그런데 이들은 기술이 인간의 삶을 본질적으로 변화시킨다는 사실에는 충분한 관심을 보이지 않는다. 기술이 인간 삶의 맥락을 바꾼다는 점은 부정하지 않지만 포스트휴머니즘의 주장처럼 새로운 인간이 나타날 가능성을 생각하지는 않는다. 보기에 따라서는 기술에 대한 가장 상식적인 접근이라 할 수도 있을 것이다. 그러나 어쩌면 우리는 이미 새로운 인간일지 모른다. 바로 몇십 년 전 사람들은 상상도 못한 기기를 온종일 사용하고, 전혀 새로운 방법으로 의사소통을 한다. 이것이 얼마나 본질적인 변화인지에 대해서 다양한 의견이 있겠지만, 새로운 기술이 우리 자신을 어떻게 바꾸어 가고 있는지에 관해서는 깊이 숙고할 필요가 있다.

호모 파베르의 숙제

도구를 만들어 사용하는 본성을 가진 존재가 그 과정에서 자신의 본질이 변해 가는 것을 발견한다. 이때 그에게 주어진 숙제는 무엇일까? 도구의 제작과 사용을 멈추는 대신, 그 활동이 자기를 바꾸어 가는 양상을 관찰하는 것이다. 그리고 자신에게 일어나는 변화를 받아들일 수 있는지 숙고해야 한다. 그는 도구뿐 아니라 그 도구로 인해 일어나는 자신의 변화까지 고려해야 하는 것이다. 물론 기술로 인해 나타나는 예측하기 힘든 여러 가지 변화를 완벽하게 통제할 수는 없다. 그렇다 해도 인류가 거쳐 온 길을 되돌아보고 앞으로 나아갈 바를 예측하며 바람직한 방향을 모색하는 것이 바로 철학의 본분이다.

21세기 호모 파베르에게 주어진 숙제는 엄청난 속도로 발전하는 현대 기술의 여러 가지 특징을 잘 파악하는 것이다. 이것을 인간이 기술을 만들고 기술이 인간을 만든다는 역설에 비추어 해석하고 장차 다가올 기술 발전의 앞날을 모색해야 한다. 기술철학은 이러한 호모 파베르의 노력에 필수적인 요소다.

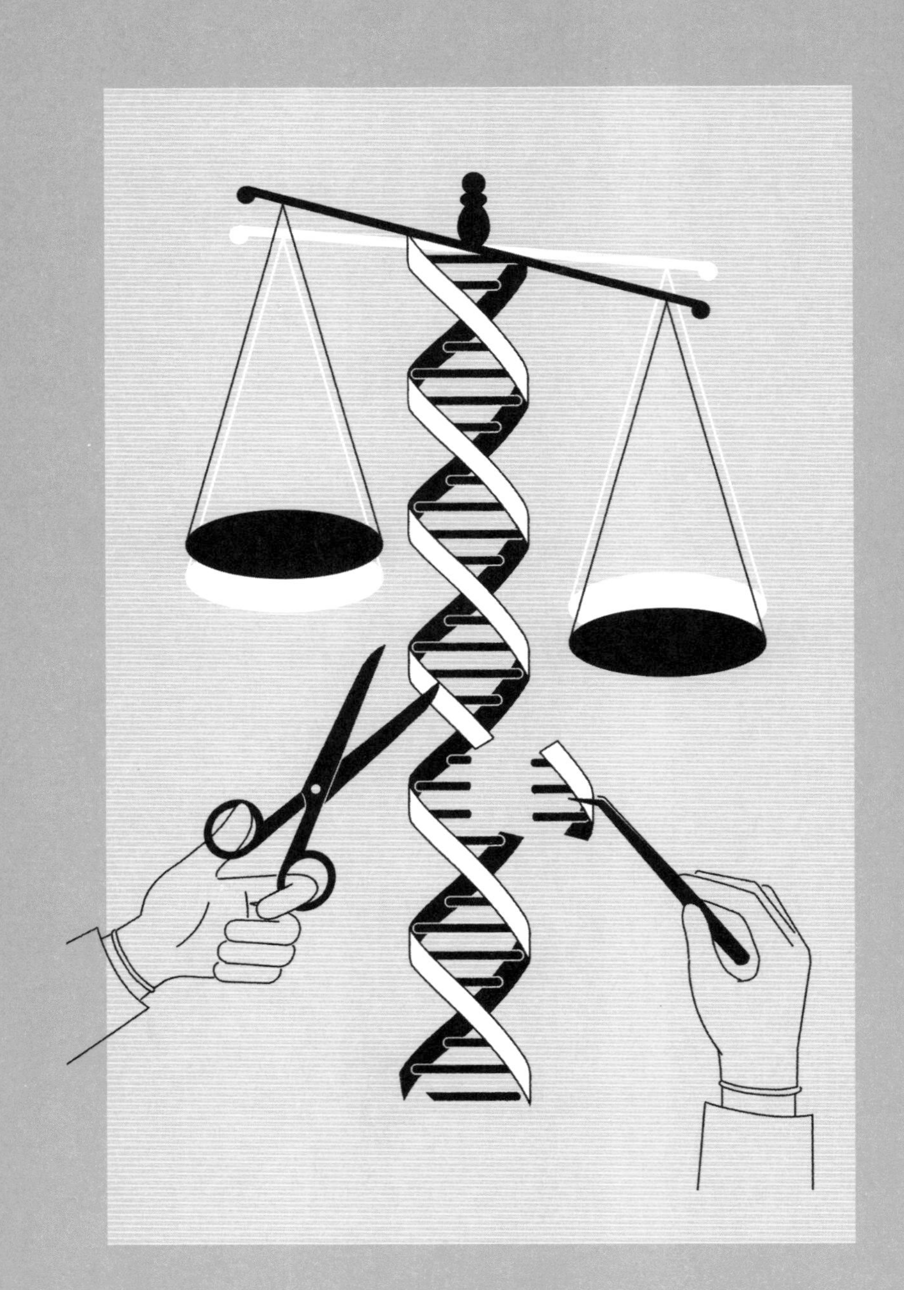

개별 기술과 기술철학의 만남

3

4차 산업혁명을 대하는 우리의 자세

기술과 시간 : 원자력발전

능동적 진화의 꿈 : 생명공학

미지의 세계를 탐구하는 자의 지혜 : 나노 기술과 철학

나도 모르는 내가 있다 : 빅데이터

4차 산업혁명을 대하는 우리의 자세[1]

4차 산업혁명은 앞선 1, 2, 3차 산업혁명에 이어 혁명적인 변화가 예상되는 새로운 흐름을 일컫는다. '4차 산업혁명'이란 말은 2016년 스위스의 휴양 도시 다보스에서 열린 세계 경제 포럼에서 처음 등장한 말이다. 독일에서 스마트 팩토리 등 제조업의 판도를 바꿀 새로운 정책을 '인더스트리 4.0'이라고 불렀는데, 좀 더 주의를 끌 만한 표현으로 바꾼 것이 4차 산업혁명이 되었다는 말도 있다.

시작은 스위스였지만 4차 산업혁명이라는 말이 선풍적인 인기를 끈 나라는 바로 한국이다. 문재인 대통령 취임 후 대통령 직속 4차 산

1 기독교윤리실천운동에서 발간하는 온라인 자료집 《좋은나무》에 실었던 글(cemk.org/9169/, 2018.7.27.)을 일부 수정함.

업혁명 위원회가 만들어졌고 수백 종의 서적들이 쏟아져 나왔다. 실체가 없는 개념이라고 매우 비판적인 사람들도 있지만, 신개념 유행이 어제오늘의 일은 아니다. 좀 모호한 개념이라도 유의미하게 쓰면 순기능을 할 수 있으니, 너무 까다로워질 필요는 없겠다. 그보다는 4차 산업혁명이라 불리는 현상을 깊이 살펴보고 그 의미를 비판적으로 파악하는 게 우선이다.

1차, 2차, 3차 산업혁명

1차 산업혁명은 증기기관의 발명으로 이루어진 기계화와 대량생산으로의 전환을 말한다. 1784년 영국에서 시작된 1차 산업혁명은 19세기를 지나며 유럽과 미국의 산업 판도를 완전히 바꾸었다. 대량생산은 잉여 생산물을 만들었고 자본주의가 발달하기 시작했다. 농업 사회의 틀이 무너지고 공장과 시장이 경제의 중심이 되면서 이에 따른 부작용이 늘어났다. 저임금 노동자들이 급속도로 늘면서 이들에 대한 착취가 심해졌으며, 대외적으로는 식민지가 확대되었다.

2차 산업혁명의 핵심은 전기다. 전기가 동력을 쉽고 빠르게 이동시켜서 대량생산 체제가 한층 더 확대되었다. 우리나라 동해안의 원자력발전소에서 생산한 전기를 서울에서 가져다 쓰는 것을 생각하면 이것이 얼마나 엄청난 일인지 알 수 있다. 울진에서 삽질을 하면 서울에서 구덩이가 파지는 식이다. 전기는 통신, 조명, 미디어, 가전 등 일상생활에 엄청난 변화를 가져왔다. 또 본국과 식민지라는 물리적 힘의 관계로 연결되어 있던 세계가 문화적, 정신적으로 연결되기 시작했다.

3차 산업혁명은 컴퓨터가 이끌었다. 즉, 계산력의 향상으로 일어난 변혁이다. 지속해서 발전해 오던 동력과 소통의 잠재성은 컴퓨터가 가진 연산 능력으로 인해 폭발하게 되었다. 1980년 후반부터 널리 사용되기 시작한 개인용 컴퓨터는 자원 사용의 효율을 극대화하는 계기가 되었다. 컴퓨터와 기계의 연결은 자동화를 가능하게 했고, 컴퓨터와 통신이 연결되면서 정보의 소통이 엄청나게 늘어났다. 이제는 인터넷이 없던 시절이 어땠는지 기억이 가물가물할 정도인데, 그게 불과 30여 년 전의 일이다.

새로 등장한 4차 산업혁명

4차 산업혁명은 더욱 향상된 컴퓨터 능력을 기반으로 사물과 인터넷이 연결되어 이루어진 변화다. 과거에는 생각할 수 없었던 빠른 연산과 엄청난 양의 메모리, 그리고 인터넷을 기반으로 사람과 각종 사물에 관련된 데이터들이 모이고 서로 연결되어 전혀 새로운 가능성을 만들어 낸다. 예를 들어 자율주행차는 카메라와 센서를 이용해 주행 중에 발생하는 다양한 상황을 인식하고 운전을 제어한다. 그러려면 엄청나게 많은 데이터를 빠르게 모아 분석하고 종합하여 판단할 수 있어야 한다. 만약 세상 모든 사물이 인터넷으로 연결되어 데이터를 주고받고, 그것을 컴퓨터가 스스로 처리할 수 있게 되면 사람만이 소통을 주도하고 정보를 관리하던 과거와는 전혀 다른 세상이 펼쳐지게 될 것이다. 그런 세상은 이미 조금씩 실현되고 있다.

자율주행차뿐만 아니라 빅데이터, 3D 프린터, 인공지능, 사물인터넷, 증강현실도 4차 산업혁명을 이끌 새로운 기술로 주목받고 있다. 특히 유전자 가위를 필두로 최근 급속히 발전하고 있는 생명과학 기술도 이런 변화에 발맞추어 엄청난 변화를 예고하고 있다. 또 우버, 에어비앤비, 크라우드 펀딩, 유튜브와 같이 과거에는 존재하지 않았던 새로운 서비스들도 속속 등장하고 있다. 최고의 프로 기사보다 바둑을 더 잘 두는 인공지능 프로그램, 사람처럼 운전을 잘하는 자동차, 군인보다 적을 잘 식별하는 무기, 전문적인 의사만큼 정확한 진단 프로그램 등이 낯설지 않은 시대가 도래하고 있다. 그러나 4차 산업혁명, 이미 시작됐는지 모를 그 변화의 끝이 어디이고 어떤 모습으로 전개될지 상상하기는 쉽지 않다.

그런데 이쯤 되면 사람이 기술을 사용하는 것이 아니라 기술의 틈에 사람이 끼어든 것 같은 생각이 들기도 한다. 불안한 마음도 뒤따른

INDUSTRY 4.0
???

다. 우리가 딱히 혁명을 기다린 것도 아닌데 자꾸 혁명을 운운하는 게 난감하다. 4차 산업혁명의 기술들과 그 함의를 이해해야 하는데 그 규모조차 짐작되지 않는다. 혁명의 시간이 지난 후에 이름이 붙여진 이전의 산업혁명과 달리 4차 산업혁명은 앞으로 예견되는 혁명이라는 점에서 더욱더 그렇다.

그러나 예측된다면 혁명이 아니다. 혁명이란 준비되지 않은 급진적인 변화이기 때문이다. 따라서 4차 산업혁명은 막연한 기대가 아니라 잘 대비하려는 노력의 관점에서 봐야 한다. 더 많은 이들에게 유익한 방향으로 기술 발전이 이루어지도록 노력한다면 고통스러운 혁명이 아니라 지속가능한 기술 진보의 날을 맞이할 거라는 희망이 있다.

"왜?"라고 물어야 한다

우리는 4차 산업혁명과 관련한 논의를 어떻게 받아들여야 할까? 우리 힘으로는 어쩌지 못할 폭풍우가 들이닥칠 것 같은 분위기를 조성하는 건 지나친 호들갑이다. 큰 변화가 올 수는 있지만 그 변화 또한 사람이 만들어 가는 것이기 때문이다. 더 적절한 대응은 가장 근본적인 물음으로 돌아가는 일이다. 즉, 4차 산업혁명은 무엇이고 어떤 논의가 진행되고 있는지 먼저 파악해야 한다. 그리고 인간이 개발해 사용하는 기술에 대해 "왜?"라고 물어야 한다. 왜 인공지능이 필요하고 어디에 사용하면 좋을지, 왜 자율주행 자동차와 유전자 가위 기술이 필요하며, 그것을 통해 어떤 세상이 도래할지 물어야 한다.

나아가 내가 원하는 세상이 어떤 모습인지 물어야 한다. 4차 산업혁명은 하늘에서 내리는 비처럼 저절로 오는 것이 아니다. 일기예보에 따라 우산을 준비하는 사람처럼 수동적인 태도로 다가올 미래를 대하면 안 된다. 기술은 주어지는 게 아니라 만들어 사용하는 것이다. 그렇다면 새로운 기술에 대해 엄청나게 새로운 물음은 필요 없을지 모른다. 지금도 제기하고 있는 질문들, 즉 우리가 도울 수 있는 이웃이 누구인지, 기술 격차와 부조리를 어떻게 해결할 것인지를 묻고 고민해야 한다. 구체적인 대안이 당장 나와야 하는 것도 아니다. 고민의 내용과 방향이 바뀌면 대안은 집단적으로 도출될 것이다.

기술과 시간
: 원자력발전

2019년 7월 미국 캘리포니아 주 남쪽에 진도 6.4와 7.1의 큰 지진이 일어났다. 이 지역에서 20년 만에 일어난 가장 강력한 지진이었다. 우리나라에는 지진의 강도와 피해만 보도되었지만, 미국에서는 또 다른 이슈가 부각됐는데 바로 고준위 핵폐기물에 관한 것이었다. 고준위 핵폐기물은 원자력발전에 사용한 연료봉 같은 것으로 방사능 반감기가 10만 년에 이르는 물질이다. 이것을 영구적으로 폐기하기 위해 세계 최초로 적합성 검토를 했던 곳이 바로 그 지진의 진앙에서 160km 떨어진 네바다주의 유카산Yucca Mountain이었다.

유카산 핵 처리장에 대한 논의는 매우 긴 역사를 갖고 있다. 이미 1970년대에 핵폐기물 저장소로서 적합성 연구가 시작되었으며, 이

시설을 정부가 만들어야 한다는 법이 1982년에 제정되었다. 1987년부터는 유일한 후보지로 선정되어 연구가 계속되었고, 2002년 조지 W. 부시 대통령은 핵폐기물 저장소 부지로 유카산을 최종적으로 확정했다. 그러나 네바다주 주민들과 의회, 여러 환경 단체의 반대와 소송이 이어졌고 공사는 제대로 진척되지 못했다. 그러다가 2009년 버락 오바마 대통령은 자신의 선거 공약에 따라 유카산 프로젝트에 대한 예산을 삭감하고 이를 중단시켰다. 이후 도널드 트럼프 대통령이 이 프로젝트를 다시 시작하려던 차에 큰 지진이 일어났고 찬반 논의가 다시 뜨거워지게 된 것이다.

원자력발전의 안정성 문제

원자력발전 관련 쟁점들은 이미 널리 알려져 있다. 그중에서도 가장 첨예한 문제로 대두되는 것이 안전성 문제다. 2019년 대지진 이후, 유카산 고준위 핵폐기물 저장소에 대한 안전성 논의가 뜨거워진 이유는 방사성 물질에 노출되면 유전자 변이 등 심각한 피해가 생기기 때문이다. 다른 기술도 사고가 나면 큰 피해가 날 수 있지만, 방사선 피해에 비할 바가 아니다. 그래서 원자력 관련 시설에는 매우 높은 수준의 안전장치들이 마련된다.

문제는 아무리 안전장치를 갖추어도 자연재해나 사람의 실수, 테러 공격 등 예상치 못한 상황에 완벽하게 대처하기 힘들다는 점이다. 1988년 구소련의 체르노빌 원전 폭발 사건은 관리자의 조작 미숙 때문에 일어났고, 2013년 후쿠시마 원전 사고는 엄청난 규모의 쓰나미 때문이었다. 만약 911 테러 당시 납치되었던 네 대의 비행기 중 한 대가 미국 동부에 밀집된 원자력발전소 중 하나를 공격했다면 그 피해는 상상하기 힘들다.

원자력발전에 찬성하는 사람들도 이러한 위험성을 부인하지는 않는다. 그러나 그동안 원자력발전의 안전성을 담보하기 위한 기술이 많이 발전했기 때문에 대중이 걱정하는 위험은 상당 부분 제거되었다는 것이 원자력 전문가들의 입장이다. 이들은 현대사회의 엄청난 에너지 소비와 사용 증가세를 고려할 때 원자력발전은 불가피하다고 주장한다. 또 원자력발전에 대한 광범위한 불신은 객관적인 위험에 비해 과장되었다고 본다.

원자력발전과 핵폭탄의 관련성

원자력발전이 논란을 불러일으키는 또 다른 이유는 안보 문제다. 사용한 핵연료는 재처리 과정을 거치면 한 번 더 발전에 사용할 수가 있다. 그래서 이를 고준위 핵폐기물 대신 '사용 후 핵연료'라고 부르기도 한다. 프랑스를 비롯한 몇몇 국가들에서는 재처리 과정을 통해 한 번 더 원자력발전을 하고 있다. 문제는 이 재처리 과정에서 플루토늄이라는 물질이 나오는데, 이 물질이 핵폭탄을 만드는 핵심 재료라는 점이다. 그래서 국제사회는 미국을 비롯한 기존의 핵폭탄 보유국 이외의 국가에서는 사용 후 핵연료의 재처리를 하지 않도록 강력하게 규제하고 있다. 우리나라도 사용 후 핵연료를 재처리하지 않고 있다. 그런데 북한은 소규모 원자력발전소에서 발전을 한 후 연료봉을 재처리하여 핵폭탄 제조용 물질을 만들고 있다고 알려져 있다.

원자력발전의 결과물이 핵폭탄 같은 대량 살상 무기를 만들 수 있다는 사실은 원자력발전을 부정하는 쪽에 힘을 실어 준다. 원자력발전은 하되 핵무기 확산은 막아야 한다는 아이러니는 해결하기가 무척 어렵다. 만약 다른 나라에 원자력발전소를 건설해 주거나 해당 기술을 수출한다면 그 나라가 잠재적으로 핵무기를 개발할 수도 있게 하는 셈이다.

원자력발전을 지지하는 사람들은 원자력발전과 핵무기의 관련성을 정치적인 문제로 본다. 원자력발전과 핵무기 제조가 기술적으로 연결되어 있다고 해서 원자력발전이 곧바로 핵무기 개발로 이어지는 것은 아니라는 것이다. 여러 나라에서 시도하는 핵무기 개발은 국제사회의 강력한 제재와 감시를 통해 억제하고, 원자력은 평화롭게, 즉 원자력발전을 위해 사용할 수 있다는 것이 그들의 입장이다.

미래 세대에 대한 책임

원자력발전과 관련해 늘 제기되는 문제 중 하나는 미래 세대에 대한 책임에 관한 것이다. 원자력발전은 여러 가지 사고를 아무리 잘 대비한다고 해도 충분하지 않다. 미래는 완벽하게 예측할 수 없고 고준위 방사능 폐기물의 반감기는 무려 10만 년이나 되기 때문이다. 인류의 역사 시대보다 더 긴 10만 년이라는 시간 동안, 과연 안전을 보장한다고 자신할 수 있을까? 진도 6.5의 지진을 견딜 수 있게 원자력발전소를 설계한다 해도, 지난 200년간 일어난 어떤 자연재해라도 견딜 수 있게 만들어졌다 해도 그 긴 시간 앞에서는 큰 위로가 되지 않는다. 더 큰 지진, 그 어느 때보다 큰 재해가 일어날 가능성을 배제할 수 없기 때문이다. 그렇다고 해서 희박한 가능성까지 모두 고려해 대비한다면 원자력발전은 전혀 효율적인 에너지가 될 수 없다.

독일의 철학자 한스 요나스는 이런 시대에 인간에게 요구되는 것이 책임의 원칙이라고 주장한다. 요나스가 말한 책임은 어떤 행위든 그 일을 할 만한 능력이 있는 사람만이 질 수 있는 것이다. 예를 들어 아주 작은 아이가 휘두른 막대기에 맞았을 경우, 그 아이에게 도덕적 책임을 요구할 수 없다. 그러나 합리적 판단이 가능하고 자기 몸을 제대로 제어할 수 있는 어른이 막대기를 휘둘러 남을 다치게 했다면 책임을 물어야 한다. 요나스는 현대 기술 사회의 인간은 자연을 영구적으로 파괴할 수도 있는 힘을 가졌기 때문에 그에 합당한 책임을 져야 한다고 주장한다. 지금까지 인간은 동시대를 사는 타인에게만 도덕적 책임을 졌지만, 이제 미래 세대와 자연에 대해서도 도덕적 책임을 져야 한다는 것이다.

원자력발전을 옹호하는 사람들은 미래 사회에 대한 책임도 중요하지만, 미래의 기술 발전에 기대를 걸 수 있다고 본다. 머지않은 미래에 방사성 물질의 반감기를 줄이는 기술이나 핵폭탄의 가능성과는 무관한 재처리 기술이 개발될 수도 있다는 기대감이다. 지금까지의 기술 발달 과정이 얼마나 급격한 전환점들로 이루어졌는지 되돌아보면 이런 기대가 얼마든지 가능하다. 그래서 원자력발전 옹호론자들은 지금 우리가 가진 지식과 기술로 감당할 수 없다고 해서 앞으로도 그럴 것이라는 가정을 버려야 한다고 주장한다.

자연과 시간을 이긴 인간

원자력에너지가 가지는 철학적 함의는 매우 크다. 기술의 긴 역사에서 원자력에너지는 문자나 종이, 바퀴처럼 중요한 의미를 갖는 기술 중 하나다. 약간 과장하자면 인간은 원자력에너지를 통해 자연과 시간을 이겼다고도 할 수 있다.

이전까지 인간의 기술은 자연의 강력한 힘에 맞서기 위한 노력이었을 뿐 전체적으로 자연을 이길 수는 없었다. 예를 들어 튼튼한 집을

지어 추위와 더위, 폭풍우와 맹수로부터 자신을 지킬 수 있었지만, 지진과 산사태 앞에는 속수무책이었다. 인간은 자연의 일부로서 언제나 자연의 일부에만 대항할 수 있을 뿐이다. 그런데 원자력에너지를 사용하는 인간은 지구 전체를 파괴할 힘을 갖게 되었다. 이제 자연은 위협의 대상이면서 동시에 보호의 대상이 되었다. 이 변화는 철학적으로 매우 중요하다. 자연과 갈등하고 경쟁하며 극복해 온 인간의 역사에서 원자력에너지의 등장은 인간과 자연의 관계에 엄청난 변화를 가져온 것이다.

원자력에너지의 사용과 그로 인해 생기는 핵폐기물 문제는 인간의 기술이 시간을 초월하는 영향력을 가지게 되었다는 의미이기도 하다. 이전의 기술들은 자연에 작은 변화를 초래할 수 있었으나, 그 변화는 언제나 거대한 자연에 의해 곧 복구될 수 있는 것이었다. 인간의 활동이 자연에 남기는 흔적은 사실상 보잘것없었다. 그러나 10만 년이 넘는 반감기를 가진 물질을 인위적으로 남기게 된 상황은 다르다. 인간이 그 흔적을 남기고 싶어서 남기는 건

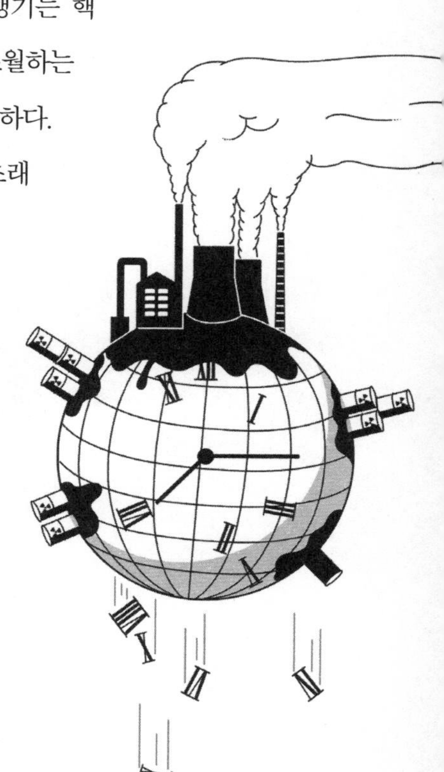

아니겠지만, 인간 행동의 결과가 그렇게 오래 지속된 적은 없었다.

현대 기술의 대표, 원자력 기술

이처럼 원자력 기술의 철학적인 함의는 단순히 그 기술을 사용해서 생기는 문제들에 국한되지 않는다. 인간과 자연의 관계, 시간, 인간의 책임, 나아가 인간의 인간 됨 같은 중요한 개념들의 변화를 초래했기 때문이다. 그래서 기술철학에서는 원자력 기술을 현대의 대표적인 기술로 본다. 다른 현대 기술에 대한 철학적 분석과 설명을 시도할 때에도 원자력 기술에 대한 여러 가지 논란과 입장들이 중요한 참고가 된다. 원자력발전이나 핵무기와 관련해 여러 가지 사회 운동, 정책 결정, 국제 공조 등의 사례가 많은 것도 관련 논의에 큰 도움이 된다.

원자력발전과 핵무기를 둘러싼 여러 가지 논의가 국가적, 세계적 차원에서 지금도 계속되고 있다. 이는 기술철학이 철학의 다른 분야와는 달리 계속해서 변화하고 움직이는 현실을 사유의 대상으로 삼고 있음을 보여 준다. 기술철학은 오늘의 철학이고, 오늘을 위한 철학이다.

능동적 진화의 꿈 : 생명공학

미국 매사추세츠공대(MIT)와 독일 막스플랑크 연구소를 비롯한 세계 7개국 18명의 관련 과학 분야 학자들은 2019년 3월 14일, 향후 최소 5년간 인간 배아의 유전자 편집 및 착상을 전면 중단하고 이 같은 행위를 관리 감독할 국제기구를 만들어야 한다는 내용의 공동 성명서를 국제 학술지 《네이처》에 발표했다.

("유전자 편집 '모라토리엄' 선언… 인간 배아 임상 적용 중단돼야", 〈중앙일보〉, 2019. 3. 14.)

한시적이기는 하지만 최첨단 생명과학 기술 연구를 수행하는 학자들이 특정 분야의 연구를 중단하겠다고 선언했다. 이를 '한시적 중단'이라는 뜻을 가진 '모라토리움moratorium'이라는 단어로 표현했는데,

과거에도 비슷한 일이 몇 번 있었다. 특히 이번에 문제가 된 유전자 가위 기술과 관련해서 2015년에도 《네이처》에 비슷한 제안이 게재된 적이 있었다.

이번 성명은 2018년 12월 중국의 생명과학자 허젠쿠이賀建奎 교수가 유전자 가위 기술을 수정란에 적용해 유전자 변형 아기가 태어났다고 발표한 것이 직접적 계기가 되었다. 전 세계는 즉각 비판했고 인간 배아를 대상으로 한 유전자 가위 시술을 당장 중단하라고 요구했다. 결국 허젠쿠이 교수가 소속된 중국 남방과학기술대학은 그를 파면하고 조사에 들어갔다. 허젠쿠이 교수 사건에서 눈여겨볼 만한 사항은 다음과 같다.

1 유전자 가위 기술(CRISPR-Cas9)은 특정한 단백질과 이를 염색체상의 특정 위치로 이끄는 gRNA를 투여하여 세포 내 DNA의 특정 부분이 절단되게 하는 기술이다. 이 기술의 핵심은 DNA 절단 부위를 특정할 수 있다는 점이다. 절단되면 DNA가 스스로 그 부분을 복구하기 위해 변이를 일으키는데, 그 과정에서 다른 유전자를 치환해 넣을 수 있다. 유전자 가위 기술은 구현하기가 쉬울 뿐 아니라 상당히 정교해서 DNA의 목표 지점을 정확하게 절단한다. 그러나 완벽하지는 않다.

2 사람은 수많은 세포로 되어 있기 때문에 그중 하나의 유전자를 바꾸는 것은 의미가 없다. 그러나 정자와 난자가 막 수정된 수정란 상태에서 유전자 가위를 사용하면 그 개체는 유전형질 전체가 바뀌게 된다.

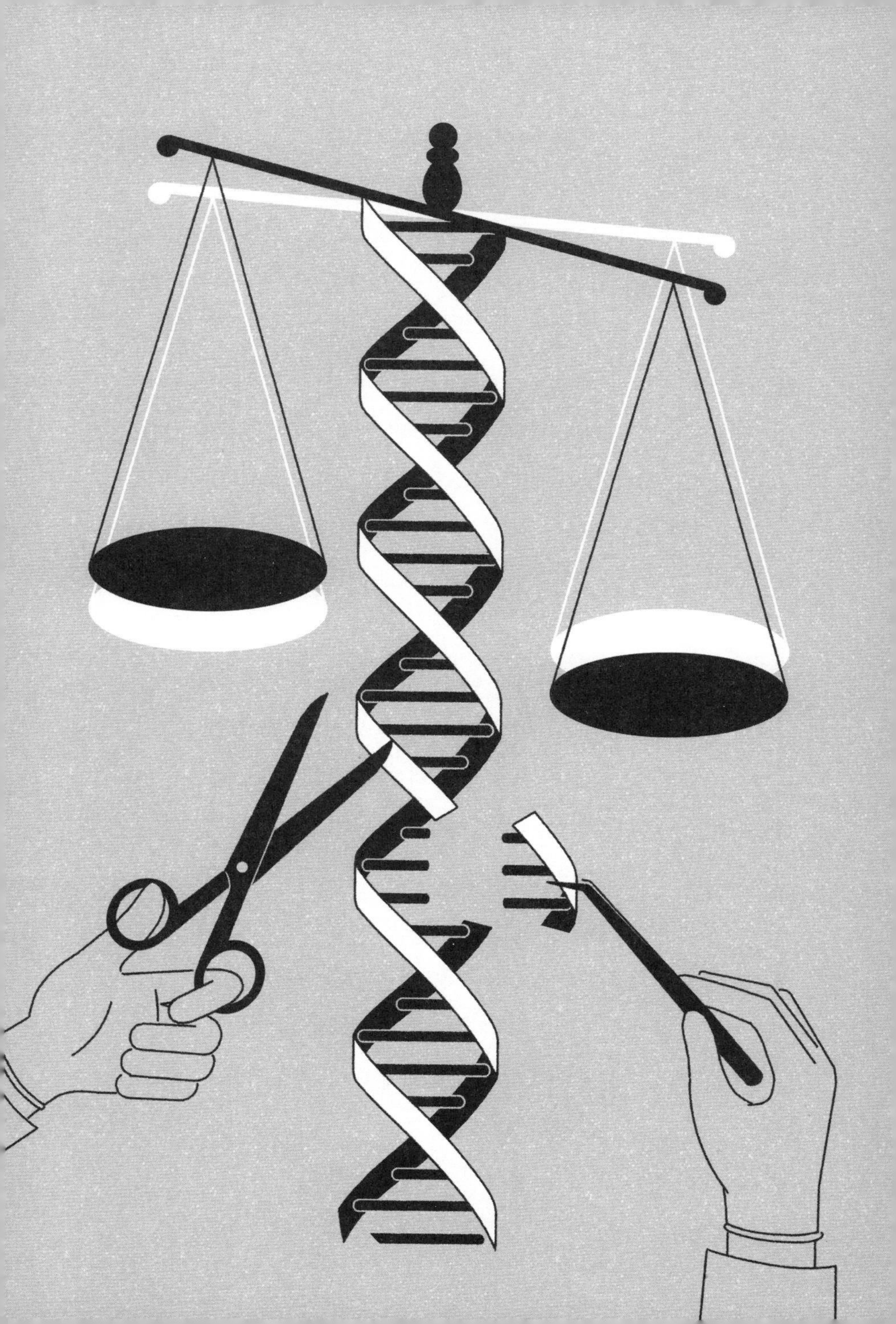

3 허젠쿠이가 잘라 낸 유전자는 에이즈 바이러스 감염 시 통로가 되는 단백질을 생산하는 유전자(CCR5)다. 이 유전자가 없는 사람은 에이즈에 걸리지 않는다.

4 이전에도 원숭이나 인간 배아를 대상으로 유전자 가위 기술을 시도한 예가 있었다. 그러나 그렇게 만든 배아를 착상시켜 실제로 아이가 태어나게 한 것은 이번이 처음이다.

5 검사 결과 허젠쿠이의 실험을 통해 태어난 쌍둥이 중 하나는 CCR5 유전자를 가지고 있지 않았다. 따라서 이 아이는 에이즈 바이러스가 침투해도 감염되지 않을 것이다. 그러나 다른 아이는 변이된 CCR5 유전자를 가지고 태어났다. 이 변이가 아이의 건강에 어떤 영향을 미칠지는 아무도 모른다.

조작의 대상이 된 생명

생명 현상이 기술의 조작 대상이 된 지는 이미 오래되었다. 넓게 보자면 병을 치료하려는 모든 시도가 생명 현상에 대한 인위적인 개입이다. 우리가 먹는 고기 대부분은 인공 수정을 통해 태어난 동물들이다. 작물들도 이런저런 방식의 유전자 조작을 거쳤거나 비닐하우스에서 화학 비료 등 일정하게 통제된 환경에서 재배되고 있다. 자연환경의 한계들이 하나둘 극복되면서 생명의 독자성은 사라지고, 생물마저 공장에서 만드는 물건처럼 조작과 선택의 대상이 되었다.

발전한 의료 기술은 인간의 몸과 생명에 대해 점점 더 적극적으로

개입하고 있다. 시험관 아기 시술도 처음에는 많은 논란이 있었지만 이제는 누구도 별다른 이의를 제기하지 않는다. 인공 관절이나 시력 교정을 위한 안구 수술도 널리 행해지고 있고, 치료가 아닌 미용을 위한 성형 수술도 일반화되었다. 위급 시에는 생명 활동의 핵심인 호흡과 혈액 순환, 심장 박동까지 기계에 의존할 수 있다.

장기 이식도 가능해졌는데 이것은 뇌사라는 새로운 죽음의 개념을 만들어 내기도 했다. 뇌사란 뇌간을 포함해 뇌 전체가 돌이킬 수 없을 정도로 손상되어 회복이 불가능한 상태를 말한다. 현대 의학은 이런 뇌사자의 장기를 떼어내어 다른 사람을 소생시킬 수 있게 되었다. 또 이미 사망한 사람의 인대나 각막을 이식하는 치료도 활발히 이루어지고 있다.

허젠쿠이의 시도는 이제까지 발전해 온 생명 및 의료 기술의 극단이라고 할 수 있다. 한국에서는 엄격하게 규제하고 있지만, 배아 대상 실험을 일부 허용하는 나라도 있다. 허젠쿠이가 비판받은 이유는 배아 유전자를 바꾸는 시도 자체에 있는 게 아니라, 유전자 변이가 된 배아를 실제로 모체에 착상시켜 태어나게 했기 때문이다. 과학기술이 인체에 대한 개입 범위를 적극적으로 넓히다 보면 언젠가 인간에 대한 유전자 조작도 전면적으로 받아들이게 될지 모른다. 그렇게 된다면 철학자 한스 요나스의 "생명과학 시대에 인간이 스스로 진화를 책임지게 되었다."라는 말이 그대로 실현되는 셈이다. 그러나 이것이 과연 인류에게 바람직할까? 이 물음에 확실하게 그렇다고 대답할 수 없기 때문에 이 분야의 최고 전문가들이 모라토리움을 제안한 것이다.

삶의 의미에 대한 물음

신화의 세계를 벗어나 철학적 사유를 시작한 이래, 인류는 끊임없이 "삶의 의미는 무엇인가?" 혹은 "왜 사는가?"라고 물어왔다. 굳이 철학자가 아니더라도 누구나 한 번쯤은 삶의 의미를 묻는 때가 있고, 그 답은 시대와 개인의 성향, 환경에 따라 서로 다를 것이다. 그런데 현대의 생명과학은 이제껏 인류가 물어온 삶과 죽음의 의미를 이전과 아주 다른 것으로 만들었다.

우리가 과학기술로 해결하려고 하는 수많은 문제 중에는 성능을 높이려고 자동차 부품을 개발하는 일 같은 것도 있지만, 그 문제 자체가 인류 문명의 핵심이 되는 경우도 있다. 전자의 경우에는 고치거나 만들어 내면 문제가 해결되지만, 후자의 경우는 새로운 숙제를 우리에게 남긴다. 유전자 변형 아기, 나아가 인간 복제 가능성을 우려하는 이유는 그로 인해 나타날 물리적인 문제 때문만은 아니다. 이런 기술은 삶의 의미를 다룰 때 당연하게 전제되는 '살아 있음'의 정의를 송두리째 바꿔 버린다. 이에 따라 인간, 인권, 인격, 자연, 시간, 공간, 삶과 죽음 등 핵심적인 개념들의 의미 체계가 흔들리게 된다. 종교적으로나 윤리적으로 보수적인 사람들이 과학기술의 급속한 발전을 경계하는 이유가 여기에 있다.

이제 "나는 왜 사는가?" 혹은 "어떻게 해야 잘 사는 것인가?"라는 과거의 질문을 훨씬 더 능동적인 물음으로 바꿀 수밖에 없다. 생명을 어떤 방식으로 만들고 유지할 것인지에 대해 더 큰 영향력을 갖게 되었기 때문이다. 의료 기술의 발달은 이미 인간의 기대 수명을 엄청나게 높여 놓았고 그로 인한 사회적, 경제적, 정치적, 문화적 변화는 대단히 크다. 생명과학 기술의 발달로 질병 등 인체의 문제를 해결하기 위해 쉽게 유전자를 변형할 수 있게 된다면, 혹은 원하는 만큼 수명을 늘리거나 죽음마저 극복하게 된다면 우리는 어떤 문화를 갖게 될까? 우리가 기대하는 세상은 과연 어떤 모습이고, 우리에게 필요한 기술은 무엇일까?

철학적 물음을 가진 과학자와 공학자

놀라운 일은 과학기술의 최전선에 서 있는 과학자와 공학자들은 대부분 자신이 하는 일이 이런 근본적인 변화와 관련 있다는 것에 별반 관심이 없다는 점이다. 주어진 문제를 이해하고 해결하는 데에만 집중하고 있기 때문이다. 이것은 오늘날 과학기술이 지고 있는 무게를 충분히 알지 못하기 때문이다. 과학자나 공학자의 전문성이 진정으로 발휘되기 위해서는 과학기술 발전이 가져온 의미와 관련 개념 체계의 변화까지 깊이 생각해야 한다. 과학기술이 현대인의 삶에 미친 영향과 그들의 전문성에 의지하는 일반인의 의식을 고려한다면 이것은 지극히 당연한 요청이다.

의미 체계, 혹은 의미 연관의 변화를 고려한다고 해서 기존의 과학기술 발전이 중단되거나 지연되는 것은 아니다. 과학기술 발전에 대해 문제를 제기하자는 것도 아니다. 과학자와 공학자가 이러한 문제에 관심을 가지는 것은 사고의 패러다임 전환을 의미하는 것일 뿐이다. 그렇다면 왜 굳이 복잡하고 추상적이고, 별반 이득도 없을 것 같은 일을 사유하는 수고를 해야 할까? 답은 간단하다. 삶의 의미를 묻는다고 해서 오늘 나의 일상이 달라지는 것은 아니지만, 그 물음을 묻는 자와 묻지 않는 자의 삶은 분명 다르다. 마찬가지로 자신의 연구가 갖는 철학적 의미를 고민하는 과학자와 공학자들이 있는 세상은 뭔가 달라도 다를 것이다.

미지의 세계를 탐구하는 자의 지혜 : 나노 기술과 철학

물질을 잘게 쪼개고 쪼개다 보면 무엇이 나올까? 물질의 가장 기본이 되는 입자는 무엇일까? 이런 오랜 물음에 대해 과학은 분자와 원자, 원자핵과 전자, 양성자와 중성자, 쿼크 등 계속해서 새로운 답을 제공해 왔다. 그 입자들은 워낙 작아서 10억 분의 1을 의미하는 '나노'라는 접두어를 사용해 나노미터nm라는 단위로 나타낸다. 수소 원자의 지름은 약 0.1nm이고, 적혈구의 지름은 7,000nm, 머리카락의 지름은 80,000nm라고 한다.

특정 물질을 나노 수준에서 관찰해 보면 보통 알고 있는 것과는 전혀 다른 특성이 나타난다. 예를 들어 우리가 아는 금은 누런빛을 띠지만 20nm 이하 크기의 입자는 붉은빛을 띤다. 이렇게 나노 수준에서 나타나는 새로운 특성을 이용하는 것이 나노 기술이다. 나노 상태의 성질을 그대로 유지한 채 필요한 목적에 활용하거나 나노 수준에서 원자와 분자의 배열을 바꾸어 새로운 물질을 얻어 내기도 한다. 이렇게 나노 수준의 성질을 유지하거나 재조합한 상태로 새로운 성질을 가지게 된 입자를 나노 입자라고 부른다. 보통 1nm에서 100nm 사이의 물질을 식별하고 제어하는 기술을 나노 기술이라 부르는데, 나노 입자를 파악하고, 만들고, 이용하는 전반적인 과정을 모두 아우르는 개념이라고 할 수 있다.

나노 기술이 여는 새로운 가능성

기존 물질이 나노 수준에서 나타나는 여러 가지 특성들을 잘 활용하면 전혀 새로운 가능성이 펼쳐진다. 예를 들어 최근에 나온 텔레비전은 모니터 전면에 1nm의 균일한 입자를 입혀서 화면의 해상도를 비약적으로 높였다. 나노셀이라 불리는 이 입자가 화면에서 나오는 빛을 일부 흡수하여 색상들이 서로 섞이는 것을 효과적으로 조정해 주기 때문이다.

원자들의 배치를 바꾸어 만든 나노 입자는 자연에 존재하지 않던 새로운 성질을 가진 물질이 된다. 탄소나노튜브는 탄소 원자를 새롭게 배열해 만든 것으로 지금까지 알려진 어떤 물질보다 강하다고 한다. 똑같은 탄소 원자로 구성된 흑연과 다이아몬드가 그 배열 방식의 차이로 전혀 다른 물질이 된 것처럼 탄소나노튜브도 탄소 원자를 인위적으로 배치하여 만들어 낸 새로운 물질이다.

스스로 복제하는 꼬마 로봇

나노 기술은 그 활용 가능성을 볼 때 엄청난 잠재력이 있다. 나노 수준에서 발현되는 물질의 여러 가지 특성을 잘 이용하면 과거에는 생각지 못했던 새로운 소재를 만들 수 있다. 얇고 부드러운 천인데 날아오는 총알을 막을 수 있을 정도로 강하다면? 박테리아를 사멸시킬 수 있는 나노 물질이 있다면? 또 만약 나노 입자를 외부에서 조종할 수 있다면? 나노 기술 세계에 대한 상상은 무궁무진하다.

나노 기술에 대해 큰 기대를 펼친 대표적인 학자로 에릭 드렉슬러 K. Eric Drexler 가 있다. 그는 분자 크기의 로봇인 나노봇이 곧 나올 것이고, 나노봇은 박테리아가 번식하는 것처럼 자기 복제를 할 수 있을 것이라고 주장했다. 그의 이론은 나노 기술에 대한 대중의 관심을 증폭시켰다. 공상 과학 영화에나 나올 법한 장면인데 초소형 우주선 같은 나노봇이 몸속을 돌아다니면서 암세포를 죽이는 상상을 해 보자. 그러나 그의 이론은 지나치게 과장되었다고 비판받았다. 물론 실제로 나노 입자가 특정한 역할을 하도록 제어될 수 있고, 그런 면에서 초소형 로봇과 비슷하다고 볼 수도 있을 것이다. 그러나 자기 복제를 하는 나노봇에 대한 예언은 그다지 설득력이 없다.

나노 기술에 대한 드렉슬러의 예언은 기대에 찬 것이었지만, 어떤 사람들에게는 자기 복제를 통해 점점 자라나는 기계에 대한 공포심을 불러일으키기도 했다. 그러나 나노 기술에 대한 전문가들의 우려는 다른 데 있다. 이 우려는 나노 기술뿐 아니라 다른 신기술에도 똑같이 적용될 만한 것이다.

무한하여 알 수 없는 기술

나노 기술은 그 무한한 가능성 때문에 긍정적이건 부정적이건 의도하지 않은 결과를 양산할 수 있다. 최첨단 과학기술 연구 대부분이 그렇지만 특히 나노 기술은 우리의 예측과 지식을 넘어서는 잠재력이 있다는 점에서 단연 도드라진다. 그 연구 결과와 발전 양상에 따라 기존의 모든 기술과 인공물들은 나노 기술과 융합해 지금까지와 전혀 다른 모습으로 다시 태어날 가능성이 있다. 이는 지금까지 인류가 경험하거나 상상하지 못한 엄청난 변화를 초래할 것이다.

이미 나노 기술을 활용한 여러 가지 제품들이 출시되었고 구체적인 성과도 나타나고 있다. 그러나 향후 발전과 변화의 폭을 가늠할 수 없다는 점에서 나노 기술은 아직 미지의 기술이다. 예를 들어 나노 입자

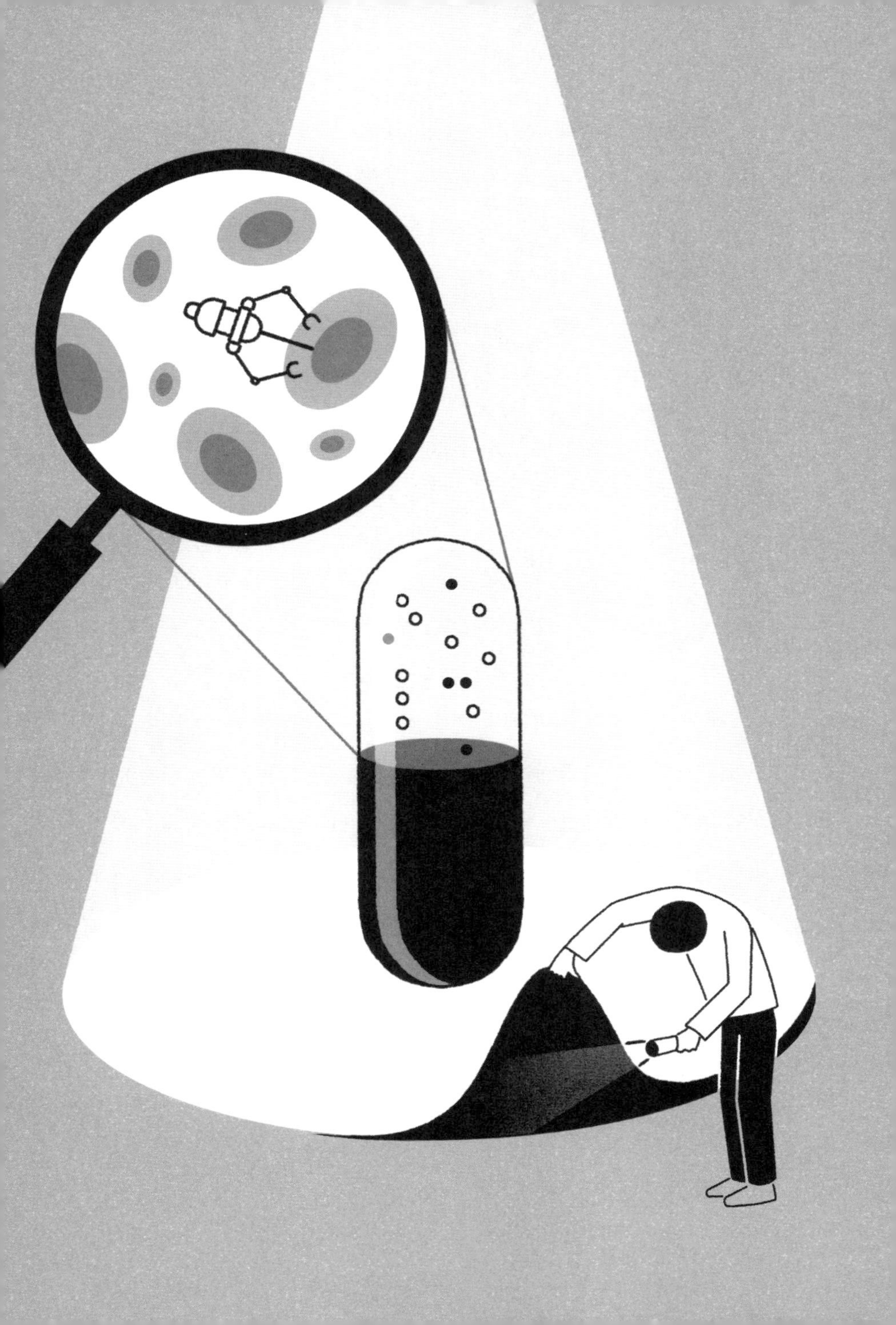

로 만들어진 제품을 폐기하고 나면 그 입자들이 다른 물질들과 어떻게 반응할지 아무도 정확하게 알지 못한다.

만약 나노 입자가 공기 중에 떠다니게 된다면 인체를 비롯해 여러 조직에 침투할 수 있다. 건강에 악영향을 미치는 것으로 널리 알려진 초미세 먼지와 비교하면 그 심각성을 잘 알 수 있다. 초미세 먼지로 분류되는 먼지 입자의 크기는 2,500nm 이하인데, 나노 입자는 이보다 훨씬 작아서 체내로 쉽게 침투할 수 있다. 나노 입자에 장기간 노출될 경우 자가 면역 질환 발생 확률이 크다는 연구 결과도 있다.

환경에 미치는 부정적인 영향도 충분히 예상된다. 나노 입자는 플라스틱처럼 자연 상태에 없던 것인데 인위적으로 만든 물질이다. 따라서 나노 입자를 사용해 얻는 유익만큼 사용 과정이나 이후에 생기는 문제들에 대해서 면밀하게 살피고 연구할 필요가 있다. 그래서 세계 각국에서는 나노 기술에 대한 투자를 늘리는 동시에 각종 환경 규제와 관련 연구를 함께 수행하고 있다.

의도하지 않은 결과가 나올 가능성

여러 가지 우려에도 불구하고 나노 기술의 발달 속도와 비교해 그 부작용에 관한 연구는 활발하지 않다. 대중의 불필요한 오해나 거부 반응을 염려하여 오히려 나노 기술 연구에 소극적으로 접근하는 전문가도 있다. 반면에 개발에 따른 위험에 대해 일반인들보다 덜 민감한 연구자도 있다. 그들은 신기술 개발 과정에는 으레 부작용들이 있다고 생각하고 심각하게 받아들이지 않는다. 부작용이 발견된다 해도 해결책을 찾아내야 할 당사자가 바로 자신이기 때문에 어쩌면 더 낙관적인지도 모르겠다.

과학기술의 발전은 전혀 사유의 대상이 아니었던 것을 새로운 논의거리로 제공하기도 한다. 그중 매우 단순하면서도 중요한 개념이 있는데, 바로 '의도하지 않은 결과'라는 개념이다. 의도하지 않은 결과를 초래한 예는 많다. 효과적인 제초제로 알려졌던 고엽제나 살충제 DDT, 그리고 발암 물질로 알려져 사용이 중단된 유리 섬유, 오랫동안 우리 삶을 편리하게 했지만 환경오염의 주범으로 떠오른 플라스틱 등 주변에서 쉽게 찾을 수 있다.

그러나 이러한 예들이 신기술이나 신물질을 개발하는 과학기술인들에게 특별한 생각거리를 주는 것 같지는 않다. 의도하지 않았다는 것은 문제가 된 결과를 초래하는 어떤 측면을 몰랐다는 뜻이다. 따라서 의도하지 않은 결과를 고려하라는 것은 현재 알 수 없는 것을 생각하라는 모순적인 요구이기는 하다. 어차피 인간이란 미래를 알 수 없어서 일상생활에서도 행위의 의도와 결과가 일치할 때보다 그렇지 않은 경우가 더 많은 게 사실이다. 더구나 과학이 미지의 세계를 탐구하는 학문이라고 한다면, 의도하지 않은 결과는 과학의 중요한 특징이라고 할 수도 있다.

그런데도 의도하지 않은 결과에 대한 우려가 불식되지 않는 이유는 무엇일까? 여러 번 언급했듯이 과학기술의 영향력이 시공간적으로 크게 확대되고, 돌이킬 수 없는 결과로 이어지는 경우가 많기 때문이다. 극심한 경쟁 상황에서 기술 발전의 속도는 점점 더 가속되고 장기적인 손익 계산은 어렵다는 점도 문제의 심각성을 더한다. 비록 의도하지 않은 모든 결과를 예측한다는 것이 모순이지만, 의도하지 않은 결과가 나올 가능성에 대해 과거보다 훨씬 더 깊이 고려해야 할 필요가 있다.

위험 사회

이러한 상황에 대해 독일의 사회학자 울리히 벡Ulrich Beck이 현대 과학과 기술 사회를 진단하면서 내놓은 '위험 사회risk society'라는 개념이 유용하다. 이때 위험은 벼랑 끝에 서 있을 때의 위험danger이 아니라 딸 수도 있고 잃을 수도 있는 도박장에서의 위험risk이다. 과학기술의 발전 과정에는 득과 실이 둘 다 있어서 이런 위험의 감수는 불가피하다. 어느 정도의 위기를 기준으로 삼아서 포기할 것과 추진할 것을 결정하느냐가 관건일 뿐이다.

가난과 질병에 시달리는 상황에서는 위험의 감수를 마다할 이유가 없다. 당장 먹을 것이 없는데, 토양 오염이나 기후 변화를 걱정한다는 것은 어불성설이다. 그래서 벡은 위험에 대한 인식이 어느 정도 먹고 살 만해져야 가능하다고 말한다. 그러나 또 하나 기억해야 할 것은 부자 나라의 국민도 위험에 대한 내성이 점차 강해지는 경향이 있다는 사실이다. 기후 변화와 에너지 부족을 걱정하고 나름대로 분리수거도 하지만, 몇십 년 후에 물 부족이나 환경오염으로 닥칠 심각한 위기를 실제로 걱정하는 사람은 많지 않다. 뭐든 해결책이 나올 것이라고 막연히 믿기 때문이다.

위험이 편만해지면서 오히려 받아들여질 만한 것이 되어 버린 기술 사회에 대해 벡의 대안은 '성찰적 근대화'다. 그는 과거 서양 철학의 전통 속에 근대화가 강조한 합리성이 결과적으로 위험 사회를 초래했다고 비판한다. 성찰적 근대화는 차가운 합리성의 추구가 초래하는 부작용까지 고려하는 새로운 사유의 방식이다. 특히 위험의 숫자적 계산에만 익숙한 과학자가 아닌 일반인들이 과학과 관련된 의사결정 과정에 좀 더 많이 참여할 것을 강조한다.

미지의 세계를 향해 나아가는 자의 자세

무한한 가능성을 가진 미지의 세계를 탐구하는 나노 과학기술자에게 가장 필요한 덕목은 무엇일까? 위험한 결과를 예측할 수 없으니 차라리 기술 개발을 그만두자고 한다면 인류의 진보를 포기하자는 것과 다르지 않다. 한편 장밋빛 미래만 기대하고 전속력으로 나아가는 것은 의도하지 않은 부정적 결과가 나올 가능성에 대해서 눈을 감아 버리는 일이다. 우리는 진퇴 여부를 결정하는 것보다 미지의 곳을 향해 나아가는 자세를 우선 생각해야 한다.

여기서 아테네의 철학자 소크라테스가 주장한 자신의 무지를 인정하는 지혜를 실마리로 삼을 수는 없을까? 아직도 밝혀진 사실보다는 알려지지 않은 것이 많다는 것을 먼저 인정해야 한다. 그리고 감수해야 할 위험에 대한 사회적 합의를 끌어내기 위해서 정확하고 충분한 정보가 제공되어야 한다. 눈앞에 닥친 경쟁이나 성취 욕구보다 인간의 참된 행복, 추구해야 할 궁극적인 가치가 기술과 어떻게 연결되는지 묻는 용기가 필요하다. 결론은 어떻게 내려져도 좋다. 소크라테스의 지혜는 결론이 아닌 과정에서, 지혜를 얻기 위해 노력하는 겸손한 열정 그 자체로 드러난다. 아마 그러한 겸손한 열정이 벡이 말한 성찰적 근대화의 특징일 것이다.

나도 모르는 내가 있다 : 빅데이터

스마트폰으로 뉴스 기사를 볼 때 어제 검색한 쇼핑몰이나 여행지 정보가 중간에 광고로 뜨는 것은 이제 낯선 일이 아니다. 컴퓨터 연산 능력이 향상되고 메모리 용량이 엄청나게 늘면서 바야흐로 빅데이터 시대가 왔다.

난 네가 어제 한 일을 알고 있다

다른 사람이 올린 SNS 게시글에 '좋아요'를 누른 것을 비롯해 인터넷상에서 이루어진 모든 일은 어떤 방식으로든 저장되고 분석되고 사용된다. 이 모든 과정이 은밀하게 이루어지는 것도 아니다. 이미 여러 가지 계기와 방법으로 우리는 자발적으로 정보를 제공했고, 그 결과 전화번호나 생년월일 같이 중요한 개인 정보들이 사실상 모두가 아는 공공연한 정보가 되었다.

전략적으로 마케팅을 하려는 기업이나 범죄 예방을 목적으로 하는 정부 기관 같은 곳만 빅데이터를 분석하는 게 아니다. 누군가를 처음 만났다고 할 때 그 사람의 SNS를 찾아 일종의 염탐을 하는 일이 비일비재하다는 것을 떠올려 보자. 우리는 모두 우리 자신과 관련된 정보를 추적당하기도 하고 추적하기도 하는 셈이다.

빅데이터란 무엇인가

빅데이터는 전통적인 방식의 컴퓨터 연산으로는 처리할 수 없는 방대한 양의 데이터를 말한다. 과거에는 메모리의 한계 때문에 따로 저장하지 않았던 데이터들이 축적되면서 거대한 데이터 세트가 구축된 것이다. 빅데이터를 정의할 때에는 소위 3V, 즉 데이터의 양high volume, 데이터의 입출력 속도high velocity, 그리고 데이터의 다양성high variety에 대해 언급한다. 즉, 엄청난 양의 데이터 집적, 획기적으로 빨라진 데이터 증가 속도, 그리고 연관성이 없어 보이는 여러 종류의 데이터가 한데 모이는 특성을 말한다. 특히 세 번째 특성이 특이한데, 문서 데이터와 온도 데이터처럼 곧바로 관련성을 찾기 힘든 데이터가 함께 다루어진다는 측면은 주목할 만하다.

BIG DATA

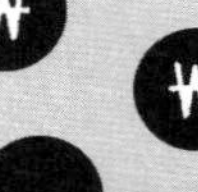

'빅데이터'라는 말은 단순히 집적된 데이터의 양뿐만 아니라, 빅데이터를 가공하고 분석하는 기술까지 포괄하여 말하는 경우가 많다. 예를 들어 대규모 데이터를 분산 저장하는 기술, 그 데이터를 분석할 수 있는 상태로 조정하는 기술, 정형화된 데이터에서 일정한 패턴을 추출하는 기술, 그리고 도출된 패턴을 해석해 의미 있는 정보information로 만들어 내는 기술 등 여러 가지가 포함되어 있다. 아래 그림처럼 빅데이터와 빅데이터 기술을 구분하기도 하지만 통상 이 모든 것을 빅데이터라고 부른다.

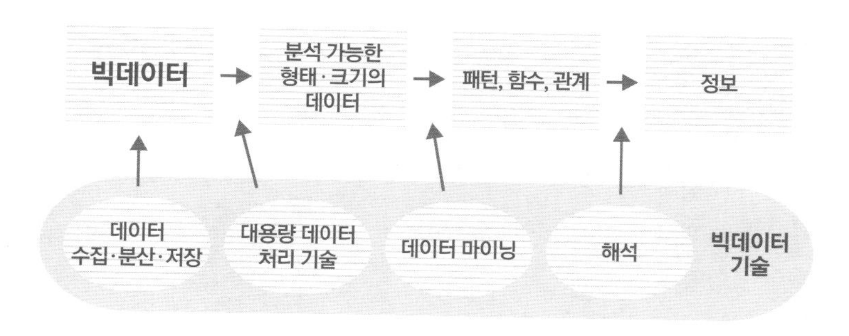

오늘날 빅데이터 기술은 날씨 예보에서 마케팅에 이르기까지 광범위하게 사용되면서 현대인의 삶에 큰 영향을 미치고 있다. 그중 철학적으로 중요한 세 가지 측면을 살펴보도록 하자.

이론의 종말

빅데이터라는 개념이 아직 낯설던 2008년 《와이어드Wired》의 편집장 크리스 앤더슨은 빅데이터 분석이 성공적으로 수행되면 이론이 필요 없어진다고 주장하였다.

> 구글의 설립 철학은 왜 이 페이지가 저 페이지보다 훌륭한 것인지 알 수 없다는 것이다. 만약 진입 링크의 통계치가 그렇다고 한다면, 그걸로 충분하다. 어떤 의미론적 분석이나 인과론적 분석도 필요 없다….
> 이제 모델을 찾으려 애쓰지 않아도 된다. 우리는 데이터가 무엇을 보여 줄지에 대한 가설 없이도 그것을 분석할 수 있다. 우리는 숫자들을 세상에서 제일 큰 컴퓨터 클러스터에 던져 넣고 지금껏 과학이 찾아내지 못한 패턴을 통계 알고리즘이 찾아내게 하면 된다….
> 상관관계는 인과를 대체하고 과학은 일관된 모델, 통합된 이론, 혹은 그 어떤 기계론적인 설명 없이도 발전할 수 있다.[2]

이론이란 어떤 상황의 인과관계를 파악하는 것이다. 그런데 빅데이터 분석을 통해 어떤 데이터와 결과 사이의 통계적 상관관계를 확인하면 그 외의 논리나 이론을 굳이 밝힐 필요가 없다는 것이다.

2 크리스 앤더슨(Chris Anderson), "The End of Theory"(wired.com/2008/06/pb-theory/)

이러한 사례는 빅데이터가 등장하기 전에 데이터 마이닝 혹은 상관 분석을 통해 마케팅하던 시절부터 이미 찾아볼 수 있다. 2004년 월마트는 허리케인 직전에는 팝타르트Pop-Tarts라는 과자가 많이 팔린다는 것을 알고 허리케인 용품 판매대 옆에 팝타르트 상자들을 쌓아 두었다고 한다.[3] 왜 그런 현상이 일어났는지 알기 위해서는 따로 해석이 필요하다. 그러나 설사 그 이유를 파악하지 못한다 해도 매장 재배치를 통해 매출을 올리는 데에는 아무런 문제가 없다. 결과적으로 데이터 입력과 정보 출력 사이에 있는 과정은 사용자에게 블랙박스로 남게 된다. 심지어 프로그래머조차도 어떻게 그 결과가 도출됐는지 설명할 수 없다. 빅데이터 프로그램에 입력되는 데이터의 양과 종류, 그리고 프로그램이 사용되는 환경이 계속 바뀌기 때문이다.

결과적으로 빅데이터 기술을 통해 얻게 된 결론은 이론적 설명이 불가능하다. 하지만 많은 데이터를 기반으로 도출된 패턴을 따르고 있어서 받아들여야만 하는 것이 된다. 즉, 빅데이터 분석이 제시한 해결책을 받아들이기는 하는데, 그것이 제시된 이유를 전혀 파악할 수 없다. 인간이 오랜 세월 사회와 자연을 과학적, 합리적으로 이해하기 위해 노력한 것을 생각하면, 이것은 무척 당혹스럽고 아이러니한 상황이다.

3 빅토르 마이어 쇤버거 & 케네스 쿠키어, 《빅데이터가 만드는 세상: 데이터는 알고 있다》, 21세기북스, 2013, p.104.

물론 이론이 없어진다는 앤더슨의 주장은 과장이다. 빅데이터 분석 자체가 이론에 근거한 것이고, 사람에게는 이유를 알고 싶어 하는 뿌리 깊은 욕망이 있기 때문이다. 그러나 이론을 확보하지 못해도 유용성을 획득할 여지가 많아졌다는 것까지 부인할 수는 없다.

대량 살상 수학 무기

수학자이자 빅데이터 과학자인 캐시 오닐 Cathy O'Neil 은 빅데이터 기술이 무분별하게 사용될 경우 대량 살상 무기 Weapons of Mass Destruction 만큼 위험한 결과를 초래할 수 있다고 경고한다. 그녀는 대량 살상 무기의 Mass를 Math로 바꾸어 유명한《대량 살상 수학 무기 Weapons of Math Destruction》라는 책의 제목으로 삼았다. 빅데이터는 수학적 알고리즘을 사용하여 분석하는데, 그 결과들을 다시 서로 연동시키면 처음 입력한 데이터와는 전혀 무관한 새로운 정보들이 생성된다. 예를 들어 어떤 사람이 은행에서 대출받고자 할 때, 그 사람의 신용 상태나 연봉 같은 정보 외에 그 사람이 어떤 지역에 얼마 동안 살았는지, 맞춤법을 제대로 지켜 서류를 작성했는지 등의 정보가 대출 여부나 금리의 높낮이를 정하는 데 영향을 미치는 것이다.

하이퍼링크에서 하이퍼리드로[4]

2019년 3월 월드와이드웹WWW이 개발 30주년을 맞이했다. 월드와이드웹은 1989년 3월 유럽입자물리연구소CERN의 소프트웨어 공학자인 팀 버너스리Tim Berners-Lee 등의 제안으로 시작되었다. 원래는 세계 여러 대학과 연구 기관에서 일하는 물리학자들이 신속한 정보 교환과 공동 연구를 하기 위해 개발되었지만, 곧 일반 사용자들도 수많은 정보를 공유하면서 놀라운 수단이 되었다.

월드와이드웹의 혁명적 기능을 꼽으라면 하이퍼링크hyperlink가 있다. 인터넷 검색을 하다 보면 단어에 파란색으로 밑줄이 쳐 있는 경우가 있는데, 그것을 클릭하면 바로 연결된 다른 창으로 넘어가게 된다. 배너들 역시 다른 창으로 옮겨 가는 하이퍼링크다. 이렇게 바로바로 정보를 연결하는 기술은 우리가 지식과 정보를 습득하는 방식에 획기적인 변화를 가져왔다.

이 변화를 이해하기 위해 사전을 예로 들어 생각해 보자. 종이 사전에서 '사랑'이라는 단어의 뜻을 찾으려면 먼저 자음과 모음의 순서를 알아야 하는데 순서에 따라 'ㅅ'을 먼저 찾고, 그다음 'ㅏ'를 찾는 식이다. 그런데 인터넷 사전에서는 자음과 모음의 순서를 알 필요가 없다. '사랑'이라고 친 다음 엔터를 누르면 바로 사랑에 대한 정의가 나온

4 기독교윤리실천운동에서 발간하는 온라인 자료집 《좋은나무》에 실었던 글(cemk.org/12359/, 2019.3.29.)을 일부 수정함.

다. 더 나아가 "어떤 사람이나 존재를 몹시 아끼고 귀중히 여기는 마음"이라는 설명 중에 '존재'라는 말에 링크가 걸려 있으면 그 단어를 클릭해 '존재'의 정의까지 알 수 있다. 하이퍼링크로 연결된 정보들은 서로 특별한 관련도 없고 위계도 없다. 지식과 정보의 연관 체계가 완전히 무시된다. 하이퍼링크를 통해 계속 다음 검색어를 찾아가다 보면 '거북이'에서 '고대 그리스 철학'으로 금방 넘어갈 수 있다.

그런데 요즘은 연관 검색어나 온라인 추천 시스템이라는 새로운 기능이 발전하고 있다. 하이퍼링크가 찾고자 하는 정보를 쉽게 찾을 수 있게 했다면, 온라인 추천 시스템은 선택할 만한 정보를 미리 보기 좋게 가져다 놓고 검색을 유도한다. 즉, 단순히 정보를 주고받거나 검색을 넘어 빅데이터와 인공지능이 사용자의 입맛에 맞는 정보를 분석해 제공하는 것이다. 이제는 사용자의 과거 사용 기록을 바탕으로 광고와 각종 정보를 맞춤형으로 제공한다. 만약 제주도 항공권을 검색했다면 한동안 제주도 여행 상품 광고가 자주 눈에 띄게 되는데, 그게 바로 맞춤형 광고다.

이것은 하이퍼링크에서 한 걸음 더 나아간 새로운 지식과 정보의 습득 방식이다. 찾고자 하는 정보를 능동적으로 찾아가는 것이 아니라, 찾고 싶어 할 만한 정보를 알고리즘이 미리 찾아 주는 방식이다. 이제 검색자는 수동적으로 변한다. 사용자를 특정한 정보로 지나치게 친절하게 이끄는 이 시스템을 하이퍼링크에서 한 걸음 더 나아가 '하

이퍼리드hyperlead'라고 부를 만하다. 하이퍼링크가 정보의 체계성을 무너뜨렸다면, 하이퍼리드는 지식과 정보의 습득 과정에 직접 개입하여 특정 정보를 선호하는 확증 편향을 심화시킬 우려가 있다.

기술 정보를 어떻게 받아들일까

물론 하이퍼링크와 하이퍼리드를 통한 지식과 정보의 전달과 습득이 가지는 장점이 없지 않고, 지난 30년간 이루어 온 긍정적인 변화도 많다. 그러나 이제야말로 나날이 새로워지는 기술 진보에 어떻게 대처할지 깊은 고민이 필요하고, 하이퍼리드는 그 중요한 계기라고 본다. 지식과 정보가 우리에게 이런저런 방식으로 제공된다고 해서 그 지식과 정보 자체의 객관성과 타당성, 체계성 여부가 바뀌는 것은 아니다. 의사소통과 정보 습득이 더 빠르고 광범위해져서 그에 대해 반추하고 숙고할 여유가 줄었다는 엄밀한 현실과, 하이퍼링크와 하이퍼리드가 정보의 정확한 전달을 일정 부분 방해하고 있음을 우리는 기억해야 한다.

기술이 만드는 좋은 세상

목적과 도구 : 좋은 사회를 위한 과학기술

공학 설계로 바꾸는 세상

대안적 공학 : 나머지 90%를 위한 공학

기계와 인간의 대결 : 인공지능

자율주행 자동차와 미래의 도로

호모 파베르에서 호모 폴리티쿠스로

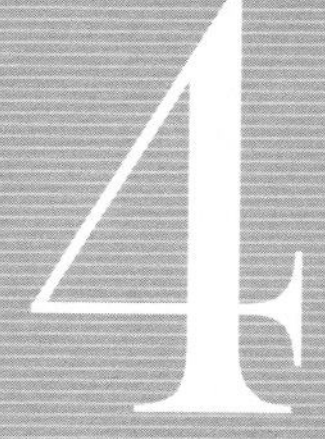

목적과 도구
: 좋은 사회를 위한 과학기술

2018년 4월 5일 〈한국일보〉는 영국 〈파이낸셜타임즈〉 기사를 인용해 세계의 저명한 로봇 학자들이 카이스트KAIST, 한국과학기술원 총장에게 서한을 보냈다는 소식을 전했다. 카이스트가 한화시스템과 함께 설립한 '국방 인공지능 융합연구센터'에 대한 우려 때문이었다. 서한의 내용인즉, 카이스트가 인공지능을 이용한 자율살상 무기를 개발하지 않겠다고 약속하지 않으면 공동 연구를 거부하겠다는 것이다. 카이스트 총장은 자율살상 무기 개발 계획이 없다고 밝혔고 이것이 받아들여짐으로써 논란은 일단락되었다. 이 일은 첨단 기술 개발을 어떻게 제어할 것인가 하는 문제가 점차 심각해지고 있음을 잘 보여 준다.[5]

5 기독교윤리실천운동에서 발간하는 온라인 자료집 《좋은나무》에 실었던 글(cemk.org/8249/, 2018.5.21.)의 일부임.

3부에서는 4차 산업혁명 시대를 이끌 첨단 기술들을 살펴보고 기술 발전이 제기하는 새로운 철학적 물음들을 살펴보았다. 그리고 현대 기술이 예전과 전혀 다른 생활환경과 삶의 의미를 제공하기 때문에 기존의 철학적 물음들도 새로운 방식으로 제기될 수밖에 없다는 것을 확인했다. 이제 삶, 앎, 기억, 판단, 소통, 죽음, 인간 등 우리 자신과 우리가 하는 일에 대한 기본적인 이해가 예전과는 확연히 달라졌다. 이것이 현대 기술 사회를 살아가는 우리가 직면한 현실이다. 이제 좀 더 추상적이고 개념적인 차원의 논의를 진행해 보려고 한다. 현대 기술은 도구인가? 도구라면 무엇을 위한 도구인가? 현대 기술의 목적을 어떻게 정의할 것인가?

도구로서의 기술

인간을 가리켜 '호모 파베르'라 한다. 도구를 만들어 사용한다는 특징으로 인간을 이해한 표현이다. 현대 기술에 대한 정의 중 가장 빈번하게 언급되는 것이 바로 '도구'다. 기술은 어떤 목적을 이루기 위한 수단으로 개발되고 사용된다. 고속열차는 사물과 사람의 이동을 더 빠르게 하기 위한 것이고, 휴대전화는 의사소통과 사진 촬영, 인터넷 사용을 위해 개발되었다. 호모 파베르라는 말이 인간을 잘 표현하고 있다면 현대 기술의 눈부신 성장은 인간다움이 크게 발현된 것이라 할 수 있다.

그러면 도구란 무엇인가? 도구의 미덕 역시 주어진 목표를 잘 이루는 데 있다. 모름지기 도구는 목적을 신속 정확하고 충실하게 이룰 수 있을 때 가장 좋다. 그러고 보면 도구는 목적에 종속되어 있는 것처럼 보인다.

그러나 목적이 달성되더라도 도구는 바로 사라지지 않는다. 한동안 구석에서 자리를 지키더라도 남아서 다음 사용을 기다린다. 그런데 같은 목적으로 다른 도구가 등장하고 목적이 충족된다면 남아 있던 도구는 쓸모없게 된다. 토기에 밥을 담아 먹다가 청동기에 담아 먹게 되면 밥을 먹는 목적은 똑같이 충족되지만 기다리는 도구는 달라진다. 이제 토기는 폐기되거나 다른 목적을 위해 사용된다. 목적의 충족과 상관없이 어떤 도구가 존재하는가 하는 것은 당대의 생활문화, 정치, 경제의 중요한 양상을 이루게 된다. 한편 새로운 도구는 새로운 목적 때문에 등장하기도 한다. 이런 의미에서 고대 역사를 구석기, 신석기, 청동기, 철기 등으로 구분하여 지칭하는 것은 매우 적절하다.

따라서 도구가 대체로 목적에 종속된다는 것을 인정하지만 약간의 여지는 남겨 둘 필요가 있다. 즉, 도구는 목적을 이루기 위해 존재하지만, 그 목적 역시 도구와 무관하게 설정되지는 않는다. 도구도 목적에 영향을 미친다는 뜻이다. 어떤 목적을 이루기 위해 미리 계획을 세우는 것만 생각해 봐도 이해하기 쉽다. 무엇인가 이루기 위해서는 먼저 사용 가능한 자원과 도구를 면밀하게 살펴봐야 하므로 목적과 도구의 상관관계는 일방적이 아니라 상호적이다.

총이 있는 세상과 총이 없는 세상

미국 총기협회NRA: National Rifle Association는 개인의 총기 보유를 정당한 권리로 인정하는 미국 수정 헌법 2조를 수호하고 총기 금지 법안 저지를 위해 활발한 로비 활동을 벌이는 단체다. 이 단체는 "총이 사람을 죽이는 게 아니라 사람이 사람을 죽인다."라는 말을 내세워 총기 사건을 줄이기 위해서는 총기 판매와 휴대를 제한할 게 아니라 총기 오용을 강력하게 처벌해야 한다고 주장한다.

이런 관점은 총기 휴대뿐 아니라 어떤 기술에 대한 법적 제한 조치를 반박할 때도 자주 인용된다. 요컨대 기술은 중립적인 도구이고, 그것을 어떻게 사용하느냐의 문제는 사용자가 책임질 일이라는 것이다. 식칼로 사람을 해칠 수 있지만, 요리를 할 수도 있으니 칼 자체를 탓할 수 없다는 주장도 비슷한 맥락이다. 이런 주장이 전혀 타당성이 없는 것은 아니다. 총이 스스로 사람을 죽이는 것도 아니고, 또 사람을 해칠 염려가 있다고 해서 요리에 필수적인 칼을 사용하지 않을 수 없기 때문이다.

그러나 이같이 개발과 사용을 분리해 생각하는 것은 몇 가지 맹점이 있다. 총기의 문제가 아니고 사용하는 사람이 문제라고 한다면, 계속해서 더 강력한 살상력이 있는 총과 무기를 개발하는 일까지 정당화된다. 그건 어떤 이유에서든 쉽게 받아들이기 힘들다. 또 기술이 항상 여러 가지 용도가 있는 것도 아니다. 기술은 저마다 아주 특정한 사용 목적이 있다. 예를 들어 무기류는 살상 이외의 다른 목적으로 사용될 수가 없다는 점에서 식칼과는 전혀 다르다.

앞서 언급한 목적과 도구의 상관관계를 고려한다면 문제는 조금 더 복잡해진다. 식칼처럼 여러 용도로 사용할 수 있다 해도 도구는 만들어질 때부터 그 자체로 갖는 의미가 있다. 또 어떤 공간에 칼이 있고 없고는 전혀 다른 환경을 구성한다. 따라서 기술의 문제를 단순히 어떻게 과학기술의 악용을 효과적으로 막을 수 있을까 하는 차원으로만 환원할 수는 없다. 우리가 꼭 기억해야 할 것은 현실적 필요에서건 다른 어떤 의도에서건 새롭게 개발되는 과학기술이 주어진 목적을 이루는 데서 그치는 게 아니라 새로운 세상을 만들어 낸다는 사실이다.

다시 총기의 문제로 돌아가 보자. 총기를 자유롭게 거래하고 보유하는 사회는 그렇지 않은 사회와 확실히 다르다. 우리가 비교할 것은 총기 보유에 따라 늘어나거나 줄어드는 살인 사건의 건수가 아니라, 총기를 허용하는 사회와 그렇지 않은 사회에 대한 전체적인 고찰이다. 어느 쪽이 더 좋은 사회인지 엄밀한 비교와 판단이 필요하다.

목적으로서의 좋은 사회

하이데거와 엘륄 등 현대 기술에 대해 비관적인 태도를 보였던 철학자들이 공통으로 지적한 현대 기술 사회의 문제는 기술 발전 자체가 하나의 목적이 되어 버렸다는 것이다. 과거에도 기술이 도구로서 목적에 영향을 미쳤지만, 현대에 와서는 기술이 어떤 목적을 위한 도구인지 불분명해졌다는 것이다. 처음에는 특정한 목적을 전제로 기술이 개발되더라도 막상 개발되고 나면 새로운 목적이 생겨난다. 컴퓨터 칩과 데이터의 용량이 앞다투어 커지는 현상은 이에 대한 좋은 예다. 메모리 용량이 커지자 소프트웨어를 비롯해 각종 데이터 용량이 부담 없이 늘어났다. 또 일반적인 데이터 용량이 자꾸 커지니까 점점 더 큰 메모리 용량이 필요하게 되었다. 이러한 상황을 요나스는 "목적과 수단의 순환적 관계"라고 칭한다.

앞에서 기술 발전을 운명으로 받아들이고 무작정 치닫는 것은 철학적으로 납득하기 어려운 상황이라고 밝힌 바 있다. 그렇다면 기술 발전을 어떻게 이해하고 어떤 과정을 통해 실현해야 할까? 그에 대한 대답으로 '좋은 세상'의 개념을 제안한다. 즉, 기술 개발을 추진할 때 그 기술이 내가 바라는 좋은 세상을 만드는 데 도움이 되는지를 생각해 보는 것이다.

이런 제안에 바로 뒤따라오는 물음은 '과연 어떤 세상이 좋은 세상인가' 하는 것이다. 물론 다양한 의견이 있고 조율이 필요하다. 또 논의를 통해 한 사회가 전반적으로 추구할 목표가 무엇인지 합의도 해야 한다.

이 과정에서 특히 기술 개발의 주체인 공학자들이 저마다 좋은 세상에 관한 생각을 밝히고, 자신들이 수행하는 프로젝트가 그 좋은 세상을 만드는 데 어떻게 이바지할 수 있는지 설명해야 한다. 공학자들은 당면 문제에 대한 기술적인 해결 방법뿐만 아니라 자신이 원하는 좋은 세상에 대한 비전을 토론해야 한다. 이런 토론과 설득의 과정은 사회를 향한 것이자, 자기 자신을 정당화하는 과정이기도 하다.

이 같은 토론에서 꼭 기억해야 할 것은 기술의 악용 가능성이다. 공학자를 비롯해 기술 개발 주체들은 자기 기술이 목적에 맞게 잘 사용될 것이라 믿고 맹목적으로 옹호해서는 안 된다. 자신의 기술이 존재하는 세상이 그렇지 않은 세상보다 더 낫다는 것을 분명히 보일 수 있어야 한다. 이는 정확한 예측을 하라는 게 아니라 숙고를 요청하는 것이다. 좋은 세상에 대한 개발자의 생각과 여러 가지 의견들이 함께 경합하면서 서로를 향해 제기되는 반론을 딛고 정당화하는 과정을 거쳐야 한다. 생각할 수 있는 모든 것을 종합했을 때 해당 기술의 개발이 좋은 사회를 이루는 데 도움이 된다는 확신을 추구해야 한다. 그 확신이 여러 사람에게 설득력 있게 제시된다면, 기술 발전에 대한 막연한 두려움도 사라질 것이고 공학자들의 자부심과 보람도 커질 것이다. 이러한 숙고가 구체화되는 것이 다음 장에서 살펴볼 공학 설계다.

공학 설계로 바꾸는 세상

1990년대까지만 해도 대학 건물이나 지하철 같은 공공시설조차 엘리베이터는 사치스러운 옵션이었다. 건축비가 충분하면 설치할 수도 있었지만 꼭 설치해야 한다고 생각하지 않았다. 그러다가 나중에 엘리베이터를 설치하려고 하니까 공간 확보 등 이런저런 어려움이 많았다. 그러다 보니 건축가가 처음에 고려한 건물의 아름다움이나 공간 배치와는 상관없이, 영 어울리지 않는 별도의 구조물을 만들어 붙이는 경우도 생겼다.

그러나 지금은 다르다. 엘리베이터는 화장실처럼 건축 설계에 당연히 반영되는 필수 시설이다. 특히 공공건물의 엘리베이터 설치는 의무화되어 예산이 부족하다고 해서 생략할 수 없다. 이런 변화는 노약자와 장애인 인권에 대한 의식이 전환되었기 때문이다. 노약자와 장애인들도 차별받지 않아야 할 시민이고 이동의 자유를 보장받아야 한다는 생각이 힘을 얻으면서 여러 가지 제도적 장치들이 만들어졌고, 이에 따라 건축 설계의 기본 개념도 바뀌었다.

일단 엘리베이터가 설계의 기본 요소가 되면, 엘리베이터를 왜 설치해야 하는지 더는 생각하지 않는다. 건축가는 특별히 배려심을 발휘해 엘리베이터를 설계에 넣은 게 아니라 그냥 기준을 따르는 것뿐이다. 대중의 의식 전환이 기준 변화를 촉발했지만, 이후에는 의식과 상관없이 노약자와 장애인의 이동권 확보가 당연하게 이루어진 것이다.

공학 설계의 중요성

엘리베이터의 예는 기술이 생활 방식뿐만 아니라 삶의 질도 결정할 수 있다는 것을 보여 준다. 바로 이 지점에서 공학 설계의 중요성과 영향력이 드러난다. 공학 설계를 할 때 어떤 조건을 설정하고 어떤 측면을 중시하느냐에 따라 같은 기술도 다른 방식으로 실현될 수 있다. 예를 들어 전기의 공급이 싸고 안정적이라면 개발하려는 새로운 설비가 에너지를 얼마나 많이 쓰느냐는 별로 신경 쓰지 않는다. 그보다는 생산 속도나 질에 더 초점을 맞출 것이다. 과거 미국에서는 석유 가격이 싸서 큰 자동차를 만들어 속도와 출력에 집중했지

만, 유럽은 석유 소비에 많은 세금을 부과했기 때문에 차를 작게 만드는 대신 연비 향상에 신경을 썼다.

공학 설계의 고려 사항과 전제 조건은 당시의 공학적 지식뿐 아니라 사회, 경제, 정치적인 환경에 따라 변한다. 유럽 국가들이 석유 가격에 세금을 많이 책정한 것은 그 사회가 환경에 관심이 높았기 때문이다. 환경 친화적 기술에도 관심이 커서 생산품뿐만 아니라 생산 과정에서도 환경오염을 최소화하도록 설계를 바꾸어 나갔다. 그러면 공학 설계의 기본 원리가 바뀌거나 공학적 지식수준이 높아지지 않아도 큰 변화가 일어난다.

공학 설계에 주목하는 이유는 무엇일까? 설계는 문제를 설정하고 정의하는 것으로 시작해 구체적 해결 방안을 만드는 것이다. 설계 단계에서는 다양한 대안들이 제시될 수 있고, 서로 다른 전제 조건들이 적용될 수 있으며, 공학자 개인의 판단이 중요한 의미를 가질 수 있다. 그래서 설계 철학을 가진 공학자가 필요하다.

공학 설계는 기술철학에서도 중요하다. 엘륄은 현대 기술이 자율적이라고 주장했는데, 이 주장에 대해 가장 흔하게 제기되는 반론이 "그래도 사람이 기술을 만든다."라는 것이다. 이 '만듦'의 순간이 바로 설계라고 할 수 있다. 설계는 공학자들의 자율성이 상대적으로 더 많이 허용되는 단계다. 만약 인간이 기술을 통제할 수 있는 순간, 혹은 공학자가 어떤 기술을 완전히 자신의 것으로 소유할 수 있는 순간이 있다면 그것은 제작이나 사용 단계보다는 설계 단계일 것이다. 물론 설계 단계에서도 기술 개발 전반에 걸쳐 중시되는 효율성이라는 측면을 무시할 수는 없다. 하지만 이런저런 원칙과 요구로부터 한발 떨어져서 다양한 아이디어를 자유롭게 시험해 볼 기회가 있다.

공학자의 설계 철학

세상을 바꾸는 철학적 공학자의 힘은 설계 단계에서 발휘되어야 한다. 만약 설계에서 고려되어야 하는 조건들이 공학 활동의 외부에서 일방적으로 주어진다면 기술의 자율성을 극복하기가 매우 힘들어질 것이다. 그러나 공학자들 스스로가 설계의 전제 조건에 대해 반성적 사유를 하고, 새로운 개념의 설계를 할 수 있다면 세상은 다른 방식으로 드러나게 될 것이다. 좋은 설계는 해당 기술의 발전 방향을 바람직한 쪽으로 유도하는 설계이고, 좋은 설계를 위해 고려해야 할 것들에 대한 고민은 '설계 철학'이라 부른다.

장애인을 배려한 설계나 환경 친화적 기술의 설계, 혹은 경제적 약자를 고려한 설계 등은 설계 철학이 반영된 좋은 사례들이다. '모든 사람을 위한 디자인universal design'이라는 설계 철학을 예로 들어 보자. 이 설계 철학에 따르면 좋은 기술은 세상에 있는 다양한 사람들의 필요를 골고루 충족시켜 줄 수 있어야 한다. 사람의 성별이나 나이, 장애, 언어 등이 해당 기술의 사용에 장벽이 되어서는 안 된다는 것이다. 서로 다른 높낮이로 설치된 지하철의 손잡이, 문지방을 없애고 문의 너비를 넓혀서 휠체어도 다닐 수 있게 한 방문, 손잡이 위치를 조절해 장애인이나 노인, 아이도 모두 이용할 수 있게 한 화장실, 바닥을 낮추어 승차 계단을 없앤 버스 같은 것이 여기서 나온 설계들이다.

환경 친화적 설계 철학도 중요하다. 추가 비용을 들이지 않고도 공간의 배치와 방향 전환을 통해 에너지를 덜 소비하게 하는 건물을 설계할 수 있다. 퇴근할 때 버튼 하나로 사무실 전체의 전원을 차단할 수 있게 하면 대기 전력의 낭비를 막을 수도 있다. 수리하기 쉽게 설계한 가전제품은 잔뜩 멋을 부리거나 제작의 편의만 고려한 제품보다 사후 관리가 훨씬 더 쉬울 것이다. 이처럼 기술 개발에서 뚜렷한 설계 철학이 있는 것과 그렇지 않은 것 사이에는 큰 차이가 있다.

새로운 세상을 향한 공학 설계

예나 지금이나 공학 발전은 주로 경쟁에서 촉발된다. 남들이 아직 개발하지 못했거나 미처 생각하지 못한 것을 개발하면 주목을 받을 뿐만 아니라 새롭게 창조된 필요는 어느새 일상 속에 자리 잡는다. 스마트폰을 놓고 생각해도 알 수 있듯 새로운 기술은 새로운 세상을 만든다. 만약 새로운 세상에 대한 이상적인 아이디어가 공학 설계에 반영된다면 어떻게 될까? 공평하고 정의로운 세상에 대한 꿈이 공학 설계에 반영된다면 세상은 한층 더 나은 곳이 되지 않을까? 기술 사회의 패러다임은 결국 설계와 설계 철학으로 바뀌기 때문이다.

우리에게는 새로운 공학 설계와 설계 철학이 필요하다. 공학자들은 무한 경쟁이라는 외부 압력에 굴하지 말고 더 나은 기술 사회에 대한 비전을 공학 설계 속에 포함해야 한다. 공학 설계를 변경한다고 해서 꼭 추가적인 비용이나 대단한 노력이 필요하지도 않다. 공학 설계를 할 때 자신이 원하는 바를 위해 고려할 것을 하나씩 찾아 나간다면 미래의 기술은 지금과는 다르게 변할 수 있다.

설계 철학을 가진 공학 설계에는 하이데거나 엘륄 같은 사람들이 지적한 기술의 자율성이나 비인간화의 문제, 핀버그, 위너 등이 주장한 기술의 민주화가 반영될 수 있을 것이다. 약자와 소외된 자에 대한 배려와 더불어 그들이 가진 욕구를 충족하는 방안들까지 고려한 공학 설계가 나온다면 좋지 않을까? 현대사회의 문제들을 모두 해결하지는 못하더라도, 보다 많은 고민과 지향들이 공학 설계에 포함될수록 더 긍정적인 미래를 꿈꿀 수 있을 것이다.

이렇게 공학 설계를 통해 기술 사회의 문제점을 극복하자는 주장은 어떻게 보면 현대 기술의 패러다임 자체를 바꾸자는 다소 급진적인 제안이라고 할 수 있다. 이것은 효율성만을 추구하고 시장의 요구에만 충실한 기술이 아니라 인류 전체의 필요와 행복을 위한 기술을 추구하자는 낙관적인 주장이기도 하다. 나아가 이러한 변화를 일으키는 데 공학자들의 역할이 가장 중요하다고 보는 공학자 중심의 입장이다. 사실상 세상이 공학자들에 의해 좌지우지되고 있다고 보면 새로운 세상에 대한 요구를 공학자들에게 제출하는 게 정당한 일이 아니겠는가.

대안적 공학
: 나머지 90%를 위한 공학

과학기술이 발전해 갈수록 공학자의 사회적 책임이 강조되고 다음과 같은 물음들이 꼬리를 문다. 4차 산업혁명의 기치 아래 추구되는 기술 발전의 속도와 방향성은 바람직한가? 치열한 무한 경쟁 속에서 일어나는 불공정과 불평등 문제는 당연하게 받아들여야 하는가? 기술 발전을 열렬히 추구하면서도 포스트휴먼 시대를 막연히 두려워하는 것은 적절한가?

이 물음들에 망설임 없이 그렇다고 하기란 쉽지 않다. 그저 기술의 발전이 지금처럼 이루어지는 것은 불가피하고, 더러 부작용은 있겠지만 결국 모두에게 유익을 가져다줄 거라는 자기 위안의 답은 어떤가? 이는 제기된 문제의 엄중함에 비해 너무 수동적이고, 이런 태도로는 뚜렷한 목적과 원칙에 따라 이루어지는 기술 활동을 기대하기가 힘들어 보인다.

—
대안 기술의 가능성
—

이러한 상황에도 불구하고 기술공학의 발전 속도와 방향에 대해 이의를 제기하고 새로운 방식을 추구하는 흐름이 있다. 이를 '대안 공학'이라 불러도 무방할 듯싶다. 대안 공학이라 해서 기존의 공학을 부정하는 과격한 시도를 뜻하는 것은 아니다. 사실 무엇을 '기존 공학'이라 보고 얼마나 새로워야 대안 공학이라고 할 것인지에 대한 기준도 불분명하다. 예를 들어 환경 친화적인 공학은 대안 공학으로 시작되었으나 이제는 공학에서 매우 중요한 일부가 되었고 기존 공학이 되었다. 따라서 대안 공학의 모색은 당연한 것에 의문을 던지는 철학적 태도의 연습인 동시에 미래 공학을 향한 발걸음이 될 수 있다. 그 대표적인 사례가 적정기술 운동이다.

2000년대 중반부터 우리나라에서도 몇몇 공학자들을 중심으로 적정기술 운동을 벌여 오고 있고, 처음 예상과는 달리 그 흐름이 상당히 탄탄하게 이어져 오고 있다. 처음에는 개인들이 모여 시작한 운동이었지만 지금은 몇 개의 단체가 생겨났고, 대학의 공학 교육이나 구호 단체의 중요 프로젝트에까지 적정기술이 도입되고 있다. 이 운동의 일환으로 시작된 행사 중에 '소외된 90%를 위한 공학 설계 대회'가 있다. 공대생을 대상으로 하는 이 대회의 초기 취지문을 요약하면 이렇다.

> 전 세계 연구 개발비와 설계 비용의 90%가 구매력이 있는 사람들 10%를 위해 사용되고 있습니다. 나머지 90%의 소외된 사람들을 위한 설계 대회를 마련합니다.

이 수치적 비교는 빈번히 제기되는 현대 공학의 현실이지만 언제나 뼈아픈 지적이 아닐 수 없다. 물론 10%를 위한 공학 활동이 결과적으로 나머지 90%에게도 영향을 미치게 될 것이다. 그러나 아직도 깨끗한 마실 물과 기본적인 삶의 조건을 갖추지 못한 사람들이 많다는 현실을 생각하면 과연 현재의 공학 활동이 인류를 위한 것인지 의문을 품지 않을 수 없다.

이는 기술철학에서 주로 문제 삼아 온 주제에서 약간 벗어난다. 기존의 물음들은 기술의 발전이 인간에게 어떤 영향을 주는지, 그 발전의 속도와 방향성이 적절한지에 대해서 주로 물었다. 그러나 '나머지 90%를 위한 공학'은 공학의 근본 문제를 되돌아본다. "공학은 문제를 해결하고 필요를 충족시키는 것을 목적으로 한다."는 정의로 돌아가 과연 '누구'의 필요를 채우고 있느냐고 묻는다. 만약 인류 중 10%의

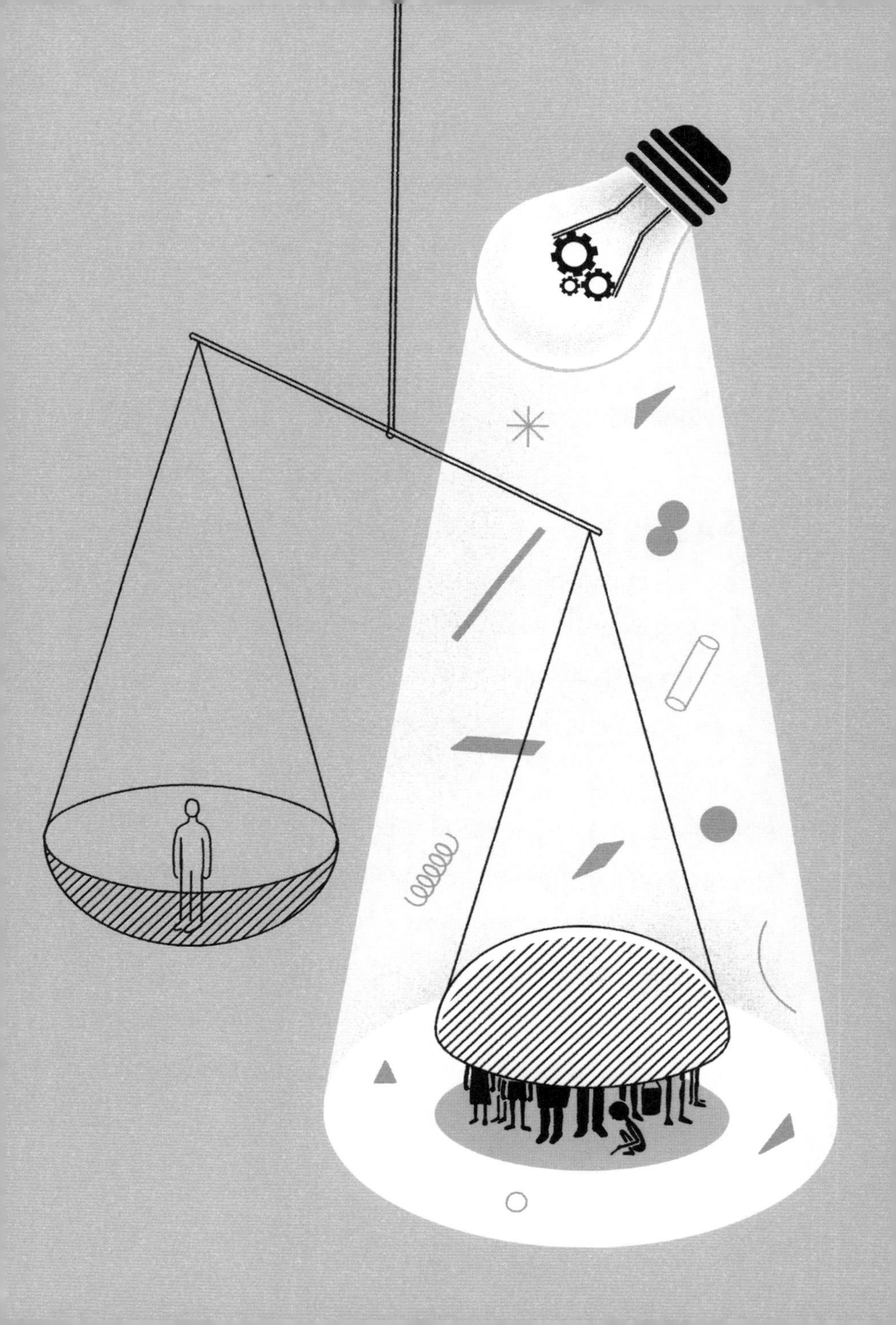

필요를 채우기 위해 들이는 노력과 자본의 몇천 분의 1만으로 나머지 90%에게 큰 변화를 가져올 수 있다면 당연히 그것을 해야 하지 않겠냐는 주장이다.

소외된 90%를 위한 공학 설계

소외된 90%를 위한 공학 설계의 아이디어는 간단하다. 현대 기술의 혜택을 받지 못하는 지역에 꼭 필요한 기술을 개발하되 현지에서 조달할 수 있는 재료로 현지인들이 스스로 만들고, 관리하고, 고칠 수 있게 한다는 것이다. 이는 철저하게 수요자 중심의 설계를 염두에 둔 것이다. 아무리 좋은 기술이라 하더라도 현지 상황에 맞지 않으면 무용지물에 불과하다.

실제로 한 단체가 미개발 국가의 청각장애인들을 위해 대량으로 보청기를 공급해 주었는데, 얼마 후 배터리가 다 소모되자 무용지물이 되어 버렸다고 한다. 이런 문제를 해소하기 위해 태양열 충전이 가능한 보청기를 개발해 보급한 것은 나머지 90%를 위한 공학의 성공적인 사례다. 또 어린아이도 줄을 매달아 쉽게 끌 수 있도록 구멍이 뚫린 바퀴 모양의 물통은 먼 데서 물을 길어 와야 하는 고된 수고를 덜어 주었다.

현지 상황을 고려한 열효율이 좋은 화덕이나 전기 없이도 저온 보관이 가능한 항아리도 현지에서 조달이 가능한 재료를 사용해 생활 환경을 개선한 기술들이다. 사실 이런 기술은 많은 자원보다는 공학자의 창의력에 더 의존한다. 최첨단 기술은 아니지만 이런 기술이 충족하는 실제적인 필요는 단순한 편리함이나 효율성의 문제가 아니라 인간적인 삶에 필수적인 것들이다. 심지어 삶과 죽음을 가르는 중요한 문제와 연관되는 경우도 많다.

이러한 대안 기술을 '적정기술'이라고 부르기도 하는데, 여기에는 공학 설계에 대한 기본적인 이해뿐만 아니라 설계 철학, 산업디자인, 공학 윤리 등에 대한 지식이 필요하다. 또 제3세계에서 해결해야 할 구체적인 문제를 정확하게 정의하여 제시해야 한다. 한 가지를 예로 들어 보면 다음과 같다.

> 인도 등 흙집을 짓고 사는 마을에 지진이 발생하면 수만 명이 목숨을 잃는 참사가 발생한다. 주민들은 쉽게 구할 수 있는 재료인 흙과 나무로 집을 짓는데 지진에 대한 대비는 전혀 없다. 그러다 보니 작은 지진에도 대규모 참사가 일어날 수 있다. 이들에게는 적은 비용으로 집을 짓되 지진에 강한 단층집이 필요하다.

곳곳에서 이러한 적정기술이 꾸준히 시도되고 있다. 미국과 유럽에서는 이미 1970년대부터 적정기술로 저개발국가의 문화와 환경에 적합한 기술을 개발해야 한다는 움직임이 있었다. 또 최근에는 지속

가능한 개발sustainable development을 내세워 저개발국가를 도우려는 선진국들의 노력도 이어지고 있다. 미국의 존브라운대학을 비롯한 여러 대학에서는 학생들이 직접 저개발국가를 방문해 현지에 필요한 기술을 개발하는 수업을 진행하기도 한다.

모든 기술이 적정해질 때까지

적정기술을 시도하는 데에는 뚜렷한 한계를 직시할 필요가 있다. 최첨단 기술을 놓고 벌어지는 치열한 경쟁 속에서, 또 대부분의 공학 교육이 기존 방식의 기술 발전을 지지하는 방향으로 이루어지고 있는 상황에서, 상대적으로 단순한 기술 차원에 머무를 수밖에 없는 소외된 곳을 위한 공학은 부차적인 지위를 차지할 수밖에 없다. 모든 공학자가 갑자기 저개발국가를 위한 봉사자로 나설 수도 없는 노릇 아닌가? 또 저개발국가도 첨단 기술 도입을 원하고 있다는 현실을 인정하면 적정기술이 제시하는 해결책이 그들에게 근본적인 대안이 되기는 힘들다.

그러나 적정기술과 같은 대안 공학의 시도는 단순히 저개발국가들을 돕는 차원에서뿐 아니라, 기존의 기술 활동과 공학 교육, 그리고 급격한 기술 발전을 다시 한번 반성하며 돌아볼 수 있게 한다는 점에서 큰 의미가 있다. 오늘날 여러 대학이 적정기술을 공학 교육에서 활용하고 있고 많은 학생들이 적정기술 운동에 참여하고 있는 것은 고무적인 현상이 아닐 수 없다. 우리와는 전혀 다른 기술적 환경에서 살아가는 사람들의 필요에 대해 생각해 본 경험은 그 자체로 귀중하다. 이런 경험을 가진 공학자야말로 생각하는 공학자, 철학자적 공학자라 할 만하다.

적정기술이 주는 또 다른 울림과 통찰은 현대 기술이 지금과 다른 방향으로 발전해야 한다는 사실이다. 이는 과학기술의 발전 자체를 부정하는 게 아니라 발전이 적정한 방식으로 일어나야 한다는 뜻이다. 기술이 '적정하다'는 표현이 가난한 나라에 맞는 기술이라는 의미에 그쳐서는 안 된다. 모든 주어진 상황에 적합해야 하고, 문제 상황을 개선하는 계기를 만들 수 있어야 적정한 것이다. 인공지능이나 유전자 가위 기술이 어떻게 하면 '적정하게' 발전해 갈 수 있을까 하는 것이 바로 우리 시대의 문제다. 기술 사회의 흐름을 그대로 받아들이는 것이 아니라 새롭고 더 나은 대안을 모색하는 시도가 바로 적정기술 운동이다.

기계와 인간의 대결 : 인공지능

2016년 3월, 바둑기사 이세돌 9단과 구글 딥마인드DeepMind의 인공지능 프로그램 알파고AlphaGo의 공개 대결이 벌어졌다. 이 대결은 다섯 번에 걸쳐 이루어졌는데 그중 단 한 번만 이세돌 9단이 이겼다. 1997년 IBM이 만든 프로그램 딥블루Deep Blue와 겨루었던 체스 세계 챔피언 게리 카스파로프가 인공지능에 진 최초의 인간이었다면 이세돌은 인공지능을 이긴 마지막 인간으로 기록될 가능성이 크다.

물론 아직 인공지능이 모든 면에서 인간을 이긴 것은 아니다. 그러나 일반의 예상을 뒤엎은 알파고의 승리는 바둑 애호가들에게 큰 충격을 주었다. 단순 계산의 반복으로는 통찰을 얻어 낼 수 없다고 믿었는데, 사람의 직감이나 창의성을 기계가 모방할 수 있다는 것이 밝혀

졌기 때문이다.

알파고와 이세돌 9단의 대국 이후 인공지능에 대한 관심이 높아졌을 뿐 아니라 인공지능을 널리 사용하게 될 미래에 대한 기대와 두려움도 커졌다. 인간의 고유한 영역이라 여겼던 창의성과 직감에 의한 판단 영역까지 인공지능이 침투했다는 현실 앞에 신기술 개발에 한층 더 민감한 반응이 일어나게 되었다. 구글은 일종의 마케팅 차원에서 이 대국을 제안하고 한국에서 진행한 것인데, 사람들의 관심을 끌었다는 점에서 이 마케팅은 크게 성공한 셈이다.

알파고의 작동 원리

대국 전에 알파고가 이세돌 9단을 이기지 못할 거라고 예상한 이유는 바둑이 계산의 범위를 벗어날 정도로 엄청나게 많은 경우의 수를 가지고 있기 때문이다. 바둑은 가로세로 각 19줄로 이루어진 361개의 교차점에 검은 돌과 흰 돌을 번갈아 두게 된다. 몇 가지 규칙이 있으나 대개 번갈아 돌을 놓는 자리에 큰 제한이 없기 때문에 바둑 한 판에서 나올 수 있는 경우의 수를 수학적으로 대략 계산하면 $361 \times 360 \times 359 \times 358 \times \cdots\cdots \times 3 \times 2 \times 1$이다. 이 수는 우주에 있는 원자 수보다도 많은 수다. 즉, 아무리 좋은 컴퓨터를 동원해도 모든 경우의 수를 계산해 바둑의 다음 수를 결정할 수 없다는 뜻이다. 그래서 계산은 사람의 직감을 절대 따라올 수 없다고 생각한 것이다.

그러나 알파고는 인공 신경망 구조에 기초하여 만든 딥 러닝Deep Learning이라는 기계 학습 알고리즘을 이용해 이 문제를 해결했다. 먼저 다른 사람들이 두었던 바둑 기록, 즉 수많은 기보를 입력하여 특정한 경우에 어디에 돌을 놓는지 패턴을 파악하게 한다. 그 다음에는 어디에 두어야 승리할 수 있는지 확률을 계산하고 나중에 실제로 게임에서 이기면 가중치를 더한다. 프로그램이 스스로 바둑을 두면서 이 과정을 반복해 승률을 높여 가는 것이다. 알파고는 이렇게 심층 학습을 한 후 실제 대국에서는 이세돌 9단이 놓은 수에 대응할 수 있는 몇 가지 가능성에 대해서만 계산을 해서 최적의 수를 찾았다. 이렇게 하면 가능한 모든 수를 계산하지 않아도 된다. 흥미로운 것은 똑같은 상황이라 해도 알파고가 그때그때 서로 다른 수를 둘 수 있다는 점이다. 여러 가능성을 계산하는 과정에 무작위 추출법을 써서 통계적으로 표본을 고르기도 하기 때문이다.

이 정도의 설명은 너무 표면적이어서 심층 학습 알고리즘을 제대로 파악하기에는 충분하지 않다. 그러나 인공지능에 대한 약간의 이해만으로도 알파고와 이세돌 9단의 대국에서 우리는 분명히 여러 가지 생각거리를 얻게 된다.

바둑 인간정복 세계재패
D-10
자신이 없어요
질 자신이요

개발자도 모르는 알파고의 속내

알파고와 이세돌 9단의 대국을 앞두고 인공지능 전문가들의 의견은 갈렸지만 보통 사람들은 대부분 이세돌 9단의 승리를 낙관했다. 처음에는 중계 방송을 하던 바둑 해설가들도 알파고가 두는 수를 폄하하기 일쑤였다.

"아무래도 프로그램이라서 버그가 있는 것 같군요."

"저기서 저런 수를 둔다는 건 생각 밖이네요. 말이 안 되는 수죠."

이런 말들은 후반으로 가면서 점차 줄어들었고, 마침내 이세돌 9단이 항복을 선언하자 해설가들은 할 말을 잃었다. 두 번째와 세 번째 대국까지 이세돌 9단이 지자 해설가들의 태도는 완전히 바뀌었다. 알파고가 전문가들이 한 번도 보지 못한 수를 두어도 그 의미가 무엇일지 조심스럽게 분석했고, '알 사범'이라는 말까지 등장했다.

해설가들의 조심스러움은 단지 예상치 못한 알파고의 우수성만 보여 주는 게 아니다. 알파고가 두는 바둑을 사람이 평가할 수 없다는 의미에서 당혹스러움을 준다. 그도 그럴 것이 알파고의 한 수 한 수는 많은 서버 컴퓨터가 동원되어 수행한 엄청난 연산의 결과다. 따라서 그 한 수의 타당성을 평가하는 것은 불가능하다. 알파고가 둔 한 수 한 수의 타당성은 오직 바둑이 끝나야만 알 수 있다. 즉, 알파고의 수가 타당했기 때문에 이세돌 9단을 이겼다고 할 수 있는 게 아니라, 이세돌 9단을 이기고 나니까 알파고의 수가 타당해진 것이다. 다시 말해 과정을 검증할 수는 없고 오직 결과로 과정의 타당성을 입증하는 수밖에 없다.

이세돌 9단은 당시 세계 랭킹 4위의 실력자였다. 알파고가 이세돌 9단의 기보도 학습했겠지만, 학습한 전체 기보의 수에 비하면 그 수는 미미하다. 알파고가 학습한 기존의 기보들은 이세돌 9단보다 실력이 낮은 기사들의 것이었다. 따라서 개발자들도 심층 학습을 통한 알파고의 실력 향상 정도를 가늠할 수 없었다. 실제로 딥마인드의 대표인 데미스 허사비스Demis Hassabis도 대국 전에 이세돌 9단과의 경기 결과를 예측할 수 없다고 말했다.

이 문제를 블랙박스가 된 인공지능이라 표현하곤 한다. 블랙박스란 내부 구조가 알려지지 않고 특정한 기능만을 수행하는 기계장치를 일컫는 말이다. 예를 들어 밀가루를 넣으면 빵이 되어 나오는 기계가 있는데, 그 내부에서 일어나는 조작 과정을 아무도 모른다면 그것도 블랙박스다. 대부분의 복잡한 기계들은 대부분의 단순 사용자들에게 사실상 블랙박스인 셈이다. 자동차 구조를 모르지만 자동차를 운전하고, 어떤 원리로 소프트웨어가 작동하는지 모르면서도 사용하는 데 아무 문제가 없다. 그러나 알파고가 보여 주는 인공지능의 특징은 개발자조차 그 판단 근거나 구조를 정확히 파악할 수 없다는 점이다.

이 결론의 함의는 자못 심각하다. 알파고의 판단을 검증할 수 있는 수

단은 없고 결과적으로 이겼기 때문에 그 성능을 알 수 있다면, 성능이 밝혀진 뒤에 남은 선택지는 알파고를 믿는 것뿐이다. 알파고의 승리가 거듭되고 나면 해설자들은 알파고가 둔 수가 맞는 것이라고 가정하고 해설할 수밖에 없다. 만약에 인공지능이 바둑이 아닌 주식이나 의료 진단, 직원 채용 같은 결정을 내린다면 그 결정을 어떻게 받아들여야 할까?

인공지능의 판단, 어디까지 받아들일 것인가

인공지능이 직원 채용 담당자, 의사, 판사 등의 역할을 일부 대체하는 사례들은 실제로 시도되고 있다. 상당수의 기업이 2019년 상반기 공개 채용에 인공지능 면접을 도입했다. 이들이 도입한 면접 솔루션은 응답자의 시선 처리, 표정 변화, 음성 파형 등을 평가하여 지원자가 해당 직무에 적합한지를 평가한다. 또 몇몇 병원에서는 2016년부터 도입된 IBM의 암 진단 인공지능 '왓슨 헬스'가 의사들의 암 진단을 보조하고 있고, 그 밖에도 여러 인공지능 진단 도구들이 사용되고 있다. 미국에서는 범죄자의 보석 허용 여부를 결정할 때 재범 가능성에 대해 먼저 인공지능의 판단을 듣고 참고하는 경우가 많다. 보석금을 낼 수 있는지 여부에 따라 보석이 결정되는 게 아니라 범죄의 유형과 개인 정보 등을 바탕으로 재범률을 계산해서 보석이 결정되면 공평할 뿐만 아니라 감옥 운영 비용도 줄고 치안 유지에는 더 효과적일 것이다.

인공지능의 판단은 상상할 수 없을 만큼 많은 양의 데이터와 정교한 알고리즘에 근거한 것이다. 그 타당성은 간접적이지만 검증될 수 있고 무엇보다 긍정적인 결과를 통해 확인할 수 있다. 어떤 설문 조사에서는 인간 의사보다 인공지능 의사의 진단을 더 신뢰한다는 응답이 더 많이 나온 결과도 있다. 그러나 사람이 아닌 인공지능과 면접을 보고 당락이 결정되거나 인공지능의 판단으로 보석이 결정되는 상황이 그다지 반갑지는 않다.

바둑과 의료 분야에서 인공지능을 비교적 잘 받아들이는 것은 추구하는 목표가 명백하기 때문일 것이다. 반면 인사 채용과 법률 분야는 결과뿐 아니라 그 판단의 타당성을 밝히는 것이 중요하기 때문에 인공지능을 적용하는 게 쉽지 않다. 블랙박스화된 인공지능이 결론을 내는 과정이 정당했는지 파악할 길이 없기 때문이다.

인공지능이 제기하는 문제들

인공지능 기술은 여러 가지 철학적, 실천적 문제를 제기한다. 그중 가장 철학적인 문제는 과연 인간의 지능, 판단, 감정을 어떻게 정의할 것인가 하는 것이다. 만약 인공지능 로봇이 주어진 정보를 가지고 인간과 동일한 판단을 할 수 있다면 그 로봇은 '생각한다'

고 보아야 하는가? 만약 로봇이 인간의 감정을 그대로 표현하고 도덕적으로 행동한다면 그 로봇을 감정을 가진 존재, 도덕적인 존재로 인정할 것인가? 만약 인간을 물리 법칙을 따르면서 정교한 회로로 구성된 로봇으로 본다면 우리의 지적, 감정적 반응은 인간이 아닌 로봇의 반응과 어떻게 구별되는가? 이런 물음에 모두가 동의할 수 있는 완벽한 답은 없다. 그러나 분명한 것은 인공지능이 인간의 인간 됨에 대한 물음을 새로운 방식으로 촉발한다는 사실이다.

특히 흥미로운 것은 지식의 습득에 있어서 인간의 몸이 하는 역할이다. 인간은 몸을 통해서 상황을 경험하고 지식을 습득한다. 철학자 드레이퍼스Hubert L. Dreyfus는 다음과 같은 예시로 이를 설명한다.[6] 인간은 명시적인 지식이 없어도 껌을 씹는 동시에 휘파람을 불 수 없다는 것을 안다. 직접 시도해 보지 않아도 몸을 가진 사람은 그게 불가능하다는 것을 안다. 그러나 인공지능에게는 전혀 상관없는 별개의 두 행위가 동시에는 불가능하다는 것을 일일이 알려 주어야 한다. 드레이퍼스는 이 사례를 통해 인공지능이 몸을 가진 인간의 사고를 모방할 수 없다는 것을 보여 주려고 했다. 또 인간의 지능과 지식이 몸과 밀접하게 관련되어 있음을 말하고자 했다. 인공지능을 만들려고 노력하는 과정에서 인간의 지능을 다시 발견하게 된 것이다.

6 휴버트 드레이퍼스, 《인터넷의 철학》, 최일만 역, 필로소픽, 2015, p.44.

좀 더 실천적인 차원에서는 신뢰할 만한 판단을 내리는 인공지능을 누가 관리하고 어떻게 운용하느냐의 문제도 중요하다. 인공지능도 일종의 알고리즘이기 때문에 보안 문제가 있고, 악용될 가능성도 있다. 또 빅데이터와 긴밀하게 연결되어 있어서 인공지능에 사용되는 데이터 관리를 누가 어떤 방식으로 하는지를 명확히 규정할 필요가 있다. 앞서 언급한 것처럼 인공지능의 사용을 받아들이기가 쉬운 영역과 그렇지 않은 영역이 있는데, 각각의 경우에 대한 세밀한 검토와 고찰을 통해 인공지능의 사용 영역과 범위에 대한 사회적 합의를 이루어야 한다. 그런 노력의 예로 일명 '킬러 로봇'에 대한 광범위한 반대 운동을 들 수 있다. 킬러 로봇은 인공지능을 이용해 적군과 아군을 구별하여 공격하는 로봇인데, 반대자들은 이런 로봇의 개발이 엄청난 살상으로 이어질 수 있다고 경고한다.

인공지능으로 인한 또 하나의 큰 변화는 인간의 일에 대한 것이다. 인공지능이 로봇과 결합해 이제까지 하지 못하던 복잡한 일을 해내고, 로봇이 인간이 해 온 여러 지적 업무마저 대신하게 된다면 인간의 일자리는 어떻게 될 것인가? 한 언론에서는 2016년 현재 여덟 살인 아이가 어른이 되었을 때 그들 중 60% 이상이 지금은 없는 직업을 갖게 될 것이라는 기사를 내기도 했다. 이는 지금 사람이 하는 일 중 상당 부분을 인공지능이 담당하게 될 테고, 지금은 없는 직업들이 많이 생겨날 것이라는 가정이다.

인공지능이 인간을 지배하는 날이 올까

여러 논란에도 불구하고 인공지능 사용이 점차 늘어날 것으로 예상되면서 인공지능이 인간을 지배하는 날이 올 것이라고 우려하는 사람도 있다. 그러나 기억해야 할 것은 인공지능을 개발 운용하고 특정 분야에 투입하는 것이 바로 인간이라는 점이다. 인공지능의 광범위한 사용을 기계와 인간의 대결로 보는 것은 그리 적절하지 않다. 굳이 말한다면, 인공지능을 활용해 다른 사람들을 지배하거나 통제하려고 하는 소수의 사람과 그 통제의 대상이 되는 사람들의 대립이 있을지는 모르겠다.

특히 인간과 거의 비슷한 정도의 '강인공지능'이 나타날 상황을 가정하고 이어지는 논의는 비현실적이다. 우선 그런 일이 실현될 수 있을지의 여부도 불확실하고, 가능하다 하더라도 오랜 시간이 걸릴 것이다. 아직 인공지능의 사용 범위와 개발을 어떤 방향으로 추진해야 할 것인지 논의할 시간은 충분하다. 따라서 기계와 인간의 대립을 말하기 전에 그러한 상황이 과연 바람직한가에 관한 판단이 선행되어야 한다.

자율주행 자동차와 미래의 도로

다음 표는 1920년대 미국에서 마차를 몰던 말의 개체 수와 자동차 수에 대한 자료다. 세로축을 보면 1910년 교통용으로 쓰이던 말은 약 300만 마리에 육박했다. 그러나 자동차가 등장한 지 불과 10여 년 만에 말보다 자동차가 더 많아졌다. 당시 교통과 물류의 중심이 말에서 자동차로 완전히 바뀌는 데는 채 20년이 걸리지 않았다. 그런데 이런 급격한 변화가 다시 일어날 것이라는 전망이 있다. 바로 자율주행 자동차의 등장이다. 말에서 자동차로, 그리고 다시 자율주행 자동차로 옮겨 가는 기술 발전의 흐름에서 몇 가지 특징을 살펴보도록 하자.

자율주행차를 기대하는 사람들은 말을 대체한 자동차처럼 곧 엄청난 변화가 일어날 것으로 생각한다. 사람이 직접 운전하는 자동차들

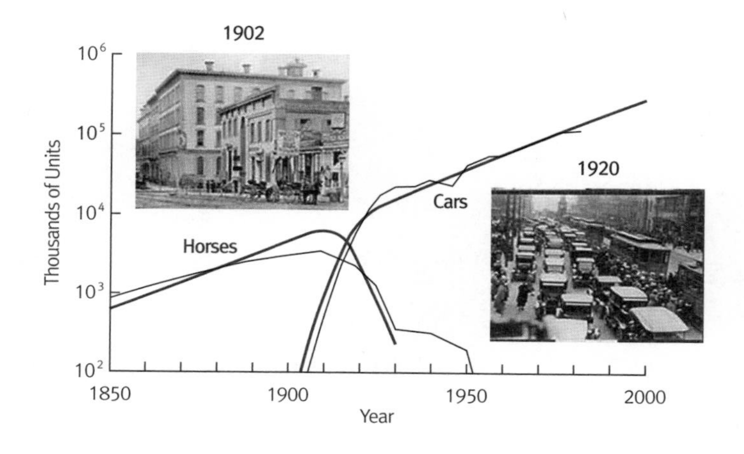

이 과거의 말처럼 갑자기 없어지고 자율주행차가 도로를 점령하게 될 것이라고 예상한다. 말과 자동차가 뒤섞인 도로에서는 원활한 흐름을 기대할 수 없듯이, 사람이 모는 자동차와 자율주행차가 함께 다니는 것은 전혀 효율적이지 않기 때문이다.

어떤 사람은 현대인이 자동차에 깊은 애착이 있고 또 운전 자체를 즐기는 경우도 많아서 자율주행차로의 전환이 쉽지 않을 것이라고 반박한다. 한편 자율주행차의 미래를 낙관하는 사람들은 공급이 늘고 그로 인한 유익이 널리 퍼지면 시장 원리에 의해 자율주행차로의 전환이 급물살을 타게 될 거고 사람들도 금방 적응할 것으로 본다. 오늘날 말을 타고 싶으면 승마장에 가서 비용을 지불하고 말을 타듯이, 곧 다가올 미래에는 운전하고 싶은 이들이 자동차 체험장 같은 곳에 가서 자동차를 직접 몰아 보는 경험을 하게 될지도 모른다.

—

기술은 환경을 바꾼다

—

이러한 변화는 기술 사용의 결과나 기능에만 국한되지 않는다. 말이 주요 운송 수단이던 시절에 유럽과 미국의 도시 모습은 어땠을까? 수만 마리의 말들이 거리를 누비고, 오늘날 주차하는 것처럼 여기저기 말들이 매여 있을 것이다. 말은 생물이기 때문에 여물과 물을 먹어야 하고 배설을 한다. 사람의 배설물도 제대로 처리하지 못하던 시대에 큰 덩치의 말들이 쏟아 내는 배설물이 내뿜는 냄새를 한번 상상해 보라. 똥 싸지 않는 말이라며 자동차를 반겼던 마음이 충분히 이해되지 않는가? 물론 자신이 소유한 말에 깊은 애착을 가진 사람도 있었을 테지만 말이다.

획기적인 기술의 등장은 사회 전반의 환경을 변화시킨다. 자동차의 등장으로 말과 관련된 수많은 직업과 직종들이 사라지고, 말을 거래하는 시장은 엄청나게 축소되었을 것이다. 거리의 풍경도 완전히 바뀌었을 것이다. 자동차 속도가 점점 빨라지면서 신호등과 여러 교통 규칙이 생겨났을 테고, 인도와 차도의 구분도 더 명확해졌을 것이다.

그렇다면 자율주행차는 우리의 환경을 어떻게 바꿀까? 먼저 도로와 거리의 모습이 달라질 것이다. 자동차가 거리의 구조물이나 다른 차량과 통신하면서 운행하고 거리 상황을 실시간으로 정확하게 파악할 수 있다면, 신호등이나 입체 교차로같이 복잡한 도로 시스템이 필요 없을 것이다. 교차로에서도 차들이 서로 통신하면서 접근하다가 속도를 조절해 멈추지 않고 지나갈 수 있기 때문이다.

자율주행차는 탑승객 없이도 움직일 수 있어서 차량 공유가 훨씬 수월해지고 차량 수가 줄어들 것이라는 예측도 있다. 오늘날 차는 긴 시간 동안 주차장에 서 있기 일쑤다. 운전자가 없어도 차가 다닐 수 있다면 굳이 세워 둘 필요가 없을 것이다. 단거리 대중교통 수단이 촘촘하게 배치되어서 개인용 차량이 필요 없는 상황도 상상할 수 있다. 반면에 오늘날 교통 약자로 분류되는 아이들이나 노인들도 자유롭게 차를 이용할 수 있게 되면서 교통량이 늘어날 것이라는 전망도 있다. 현재는 일정 나이의 성인이 되어야 운전면허를 받을 수 있지만, 자율주행차가 전면적으로 사용되면 면허가 필요 없어지거나 최소한의 기능만 익히면 된다.

물류 분야에서도 획기적인 변화가 일어날 것이다. 트럭들이 자율주행을 하게 되면 물류 분야의 수많은 일자리가 사라질 것이다. 과거 직업을 잃은 마부들의 수는 오늘날 전 세계 물류에 종사하는 사람들의 수에 비하면 아주 미미하다. 이렇게 사라질 일자리 문제는 2016년 미국 백악관에서 나온《인공지능과 자동화, 미래 경제에 대한 보고서》에서도 비중 있게 다루어졌다.

급격한 기술 변화에 어떻게 대처할 것인가

20세기의 자동차나 21세기의 자율주행차로 인한 급격한 변화는 과거의 기술에서는 찾아볼 수 없는 현상이다. 물론 과거에도 기술 발전에 따라 큰 변화가 일어났다. 석기시대, 청동기시대, 철기시대로 고대 역사를 구분하는 것만 봐도 기술이 인간의 삶에 미치는 영향이 전면적이라는 것을 알 수 있다. 그러나 그 변화가 몇 세대에 걸쳐 서서히 일어난 경우가 많았기 때문에 개인들은 그 변화를 잘 느끼지 못했다. 설사 자신의 세대 안에 어떤 특정 기술이 이전에 상상하지 못했던 무엇인가를 가능케 했다 하더라도 그 경험은 매우 예외적이었을 것이다.

반면 현대 기술은 그 발전 속도에서 명백한 차이가 있다. 머지않아 도래할 자율주행차의 시대를 상상해 봐도 알 수 있듯이 현대 기술 사회에서 인간이 경험하는 변화는 정도와 규모에서 과거와 비슷하다고 해도 그 변화 속도가 대단히 빠르다. 더구나 그런 변화가 여러 분야에서 동시다발적으로 일어난다는 점도 주목할 만하다. 현대인은 과거 그 누구도 경험하지 못한 급격한 환경 변화를 지속해서 경험하고 있다.

급격한 변화가 이미 일어난 적이 있다고 해서 그런 변화가 앞으로는 부드럽게 일어난다거나 바람직하다는 의미는 아니다. 또 변화에 익숙해졌다고 해서 그로 인한 충격에서 자유로운 것도 아니다. 미래에 일어날 변화에 대해서 논할 때 자주 빠지게 되는 실수 중 하나는 변화 이후의 상태를 예측하는 데에만 몰두하는 것이다. 어떤 기술적 변화가 예상된다면 먼저 그 변화 과정에서 일어나는 일들을 생각해야 한다. 예를 들어 미래에 복제 인간을 만들 수 있으리라는 가능성을 논할 때 그 기술이 완성되는 과정에서 일어날 일들, 예를 들면 완전히 복제되지 않은 존재들에 대한 고려와 그에 따른 대비가 필요하다.

자율주행차의 경우 일반 자동차와 동시에 사용되는 기간에 대한 구체적인 숙고가 있어야 한다. 예를 들어 일반 자동차가 다니는 도로에 자율주행차를 그대로 운행하게 내버려 둘 수는 없다. 보통 운전자들은 도로 상황에 따라 가볍게 교통 법규를 어겨 가며 유연하게 운전하고 때때로 이런저런 실수도 한다. 하지만 자율주행차는 도로의 규칙을 완벽히 따르고 실수도 범하지 않을 것이다. 결과적으로 복잡한 도로에서 그 둘이 섞여 운행될 경우 엄청난 혼란이 일어나거나 자율주행차가 제대로 움직이지 못하는 상황이 발생할 수 있다. 이에 대한 대비는 완벽한 성능의 자율주행차를 개발하려는 공학자의 노력과는 별개로 이루어져야 할 일이다.

A.I
A.I
A.I
A.I
A.I
A.I
A.I
A.I

호모 파베르에서 호모 폴리티쿠스로

기술은 우리 시대의 핵심적인 문제다. 너무나 당연한 삶의 일부여서 잊어버리기 쉽지만, 오늘날 기술의 문제를 이해하고 적절하게 대처하는 것은 행복하고 의미 있는 삶을 위해 매우 중요한 요소다. 그런 의미에서 기술철학의 탐구를 이해하고 거기 참여하는 것은 여느 철학적 노력과 다르지 않다. 지금까지 다룬 내용을 다음의 몇 가지 대비로 요약해 보려고 한다.

기술에 대한 열광과 물음

산업혁명 시기에 등장한 새로운 기술은 근대인들을 열광하게 했다. 그 열광은 지금까지 계속 이어져 신기술 개발 소식이 들릴

때마다 우리는 들뜨곤 한다. 근대 이후 현대 기술로 이룬 새로운 가능성과 엄청난 진보를 생각하면 그런 반응은 전혀 이상하지 않다. 수많은 질병 정복, 더위와 추위 극복, 수명 증가, 편리하고 빠른 의사소통 수단과 교통수단, 필요에 따라 제공되는 정보 등을 통해 인간의 고통은 줄어들었고 삶의 질도 향상되었다.

우리를 열광하게 만드는 이유가 아무리 많다 해도 비판적 사유와 비판적 태도는 여전히 필요하다. 현대 기술이 가져온 변화의 의미를 물어야 하고, 그것이 우리의 인간 됨에 대한 이해를 어떻게 바꾸었는지 반성적으로 검토해 봐야 한다. 나아가 그 진보의 정당성을 납득할 만한 논변을 스스로 찾아야 한다. 기술이 과거에 우리가 바라던 일을 가능하게 했지만 행복의 조건도 바꾼다는 사실을 염두에 두어야 한다. 이 숙고는 단지 더 나은 미래, 더 나은 기술을 얻기 위해서뿐만 아니라, 우리 자신을 지키기 위해서도 필요하다. 거대한 흐름에 비판 없이 매몰되었을 때 얼마나 비참한 상태에 빠지게 되는지 지금까지의 인류 역사가 잘 보여 주고 있다.

우려와 대안

현대 기술 사회에는 기술에 대한 열광뿐 아니라 우려와 공포가 공존한다. 이는 기술철학의 여러 이론에서도 예외가 아니다.

새로운 기술이 가져올 변화에 대한 우려와 불안은 산업혁명 초기부터 기술 사회의 한쪽에서 끊임없이 제기되었다. 4차 산업혁명을 고대하는 현재도 마찬가지다. 첨단 기술의 발전으로 인해 실업과 양극화, 비인간화가 심해질 것이라는 우려가 널리 퍼져 있고, 그런 걱정을 할 수밖에 없는 이유는 충분하다.

그러나 이러한 우려는 대안의 모색으로 이어져야 한다. 우리가 기억해야 할 것은 기술의 발전이 거대한 흐름을 이루고 있지만, 여전히 기술을 만들어 사용하는 주체는 사람이라는 사실이다. 우리는 이를 '호모 파베르의 역설'이란 개념으로 논의했다.

개인과 집단, 일반인과 전문가

인간의 역사는 개인과 집단이라는 두 가지 차원이 있다. 현대 기술 사회도 마찬가지다. 현대 기술의 거대한 흐름 속에서 개인에게 부여되는 반성적, 비판적 사유의 책임이 있는가 하면 집단에서 수행해야만 하는 일들도 있다. 비록 현대 기술이 대형화되고 자율적이라 할 만큼 큰 위력을 가지게 되었지만, 개별 기술의 제작과 사용에서 개인이 판단하고 결정해야 할 부분은 여전히 남아 있다. 이 부분은 공학자 개인이 결단해야 하는 문제일 수도 있고, 기술을 사용하는 소비자의 판단이 될 수도 있다. 동시에 한 사회가 합의를 통해 기술의 발전 방향을 제어해야 할 필요도 있다. 이것은 기술과 관련한 정책이나 법률에 관계된 판단으로 그 결정 과정은 정치적으로 이루어진다.

전통 기술과 비교해 현대 기술 사회에서는 공학자와 전문가의 역할이 훨씬 더 중요하다. 기술 분야의 전문가는 자신이 수행하는 특정한 역할이 기술 사회에 미치는 영향을 파악하고, 큰 맥락에서 자신이 하는 일을 돌아보아야 한다. 그러나 이들이 자신의 책임과 역량을 제대로 발휘하려면 비전문가들의 지지와 견제 역시 매우 중요하다. 일반 시민들이 기술의 문제에 대해 무관심하다면 미래 기술 사회가 비인간화될 가능성이 훨씬 더 커진다.

혁명과 정치

4차 산업혁명에 대한 기대와 우려가 교차하는 지점에서 필요한 것은 정치다. 4차 산업혁명이라는 말은 보통 긍정적인 의미로 쓰이지만, 실제 혁명은 급격한 변화만 일어나는 게 아니라 엄청난 혼란도 동반된다. 그런데 4차 산업혁명을 고대하고 준비하는 사람들은 혁신적인 변화가 일어나되, 혼란 없이 잘 일어나기를 바란다. 또 4차 산업혁명에 대해 일말의 두려움을 느끼고 있는 사람들은 이후의 변화가 큰 혼란으로 이어질까 봐 걱정하고 있다. 즉, 4차 산업혁명을 준비하는 모든 논의와 노력에는 혼란을 피하고 싶다는 공통의 목표가 숨어 있다.

그런데 혼란을 통제하고 방지하는 중요한 장치가 바로 정치다. 앞서 살펴본 기술철학의 여러 논의를 통해 우리는 기술의 문제가 결국 인간과 사회의 문제이며, 따라서 정치와 밀접하게 연관되어 있음을 알 수 있다. 기술로 인간의 미래를 좀 더 바람직하게 만들려면 기술의 정치가 필요하다. 이때 말하는 정치는 정치가들에게 맡겨진 좁은 의미에서의 정치가 아니라 사회의 모든 구성원이 참여하는 넓은 의미의 정치다. 거듭 강조하건대, 이런 정치가 가능해지려면 기술 사회의 모든 시민이 기술의 중요성을 알아야 한다. 기술 사회는 폭넓은 기술의 정치를 통해서만 좋은 세상을 만들어 낼 수 있다. 호모 파베르는 동시에 호모 폴리티쿠스여야 한다.